"十三五"国家重点出版物出版规划项目
可靠性新技术丛书

考虑相关故障行为的可靠性建模分析与动态评价

Reliability Modelling, Analysis and Dynamic Evaluation Considering Dependent Failure Behaviors

范梦飞　曾志国　康　锐　著

国防工业出版社

·北京·

内 容 简 介

本书主要讨论存在相关故障行为的建模、可靠性分析、动态评价以及剩余寿命预测问题。首先回顾典型的故障行为建模方法，包括单元层次的多相关竞争故障过程模型和系统层次的共因失效模型；然后讨论如何从故障机理与故障机理模型出发，自底向上地构建单元及系统的相关故障行为模型；最后提出一类相关故障行为的通用模型——基于随机混合自动机的模型，并在此基础上具体讨论相关故障行为的统一建模、高效分析以及动态评价方法。

本书可作为可靠性相关领域研究者进行相关问题研究的理论参考书，以及普通高等院校硕士生、博士生学习和研究可靠性科学方法的参考书，也可供广大工程技术人员在可靠性实践中应用参考。

图书在版编目(CIP)数据

考虑相关故障行为的可靠性建模分析与动态评价/
范梦飞,曾志国,康锐著. —北京:国防工业出版社,
2022.3(2022.10 重印)
(可靠性新技术丛书)
ISBN 978-7-118-12430-9

Ⅰ. ①考… Ⅱ. ①范… ②曾… ③康… Ⅲ. ①产品质量-可靠性-系统建模-研究 Ⅳ. ①F273.2

中国版本图书馆 CIP 数据核字(2022)第 013628 号

※

国防工业出版社 出版发行
(北京市海淀区紫竹院南路 23 号　邮政编码 100048)
北京虎彩文化传播有限公司印刷
新华书店经销

*

开本 710×1000　1/16　印张 11　字数 198 千字
2022 年 10 月第 1 版第 2 次印刷　印数 1001—1500 册　定价 88.00 元

(本书如有印装错误,我社负责调换)

国防书店：(010)88540777　　书店传真：(010)88540776
发行业务：(010)88540717　　发行传真：(010)88540762

可靠性新技术丛书 编审委员会

主 任 委 员：康　锐

副主任委员：周东华　　左明健　　王少萍　　林　京

委　　　员（按姓氏笔画排序）：

　　　　　　朱晓燕　　任占勇　　任立明　　李　想

　　　　　　李大庆　　李建军　　李彦夫　　杨立兴

　　　　　　宋笔锋　　苗　强　　胡昌华　　姜　潮

　　　　　　陶春虎　　姬广振　　翟国富　　魏发远

丛书序

可靠性理论与技术发源于20世纪50年代,在西方工业化先进国家得到了学术界、工业界广泛持续的关注,在理论、技术和实践上均取得了显著的成就。20世纪60年代,我国开始在学术界和电子、航天等工业领域关注可靠性理论研究和技术应用,但是由于众所周知的原因,这一时期进展并不顺利。直到20世纪80年代,国内才开始系统化地研究和应用可靠性理论与技术,但在发展初期,主要以引进吸收国外的成熟理论与技术进行转化应用为主,原创性的研究成果不多,这一局面直到20世纪90年代才开始逐渐转变。1995年以来,在航空航天及国防工业领域开始设立可靠性技术的国家级专项研究计划,标志着国内可靠性理论与技术研究的起步;2005年,以国家863计划为代表,开始在非军工领域设立可靠性技术专项研究计划;2010年以来,在国家自然科学基金的资助项目中,各领域的可靠性基础研究项目数量也大幅增加。同时,进入21世纪以来,在国内若干单位先后建立了国家级、省部级的可靠性技术重点实验室。上述工作全方位地推动了国内可靠性理论与技术研究工作。当然,随着中国制造业的快速发展,特别是《中国制造2025》的颁布,中国正从制造大国向制造强国的目标迈进,在这一进程中,中国工业界对可靠性理论与技术的迫切需求也越来越强烈。工业界的需求与学术界的研究相互促进,使得国内可靠性理论与技术自主成果层出不穷,极大地丰富和充实了已有的可靠性理论与技术体系。

在上述背景下,我们组织撰写了这套可靠性新技术丛书,以集中展示近5年国内可靠性技术领域最新的原创性研究和应用成果。在组织撰写丛书过程中,坚持了以下几个原则:

一是**坚持原创**。丛书选题的征集,要求每一本图书反映的成果都要依托国家级科研项目或重大工程实践,确保图书内容反映理论、技术和应用创新成果,力求做到每一本图书达到专著或编著水平。

二是**体系科学**。丛书框架的设计,按照可靠性系统工程管理、可靠性设计与实验、故障诊断预测与维修决策、可靠性物理与失效分析4个板块组织丛书的选题,基本上反映了可靠性技术作为一门新兴交叉学科的主要内容,也能在一定时期内保证本套丛书的开放性。

三是保证权威。丛书作者的遴选,汇聚了一支由国内可靠性技术领域长江学者特聘教授、千人计划专家、国家杰出青年基金获得者、973项目首席科学家、国家级奖获得者、大型企业质量总师、首席可靠性专家等领衔的高水平作者队伍,这些高层次专家的加盟奠定了丛书的权威性地位。

　　四是覆盖全面。丛书选题内容不仅覆盖了航空航天、国防军工行业,还涉及了轨道交通、装备制造、通信网络等非军工行业。

　　本套丛书成功入选"十三五"国家重点出版物出版规划项目,主要著作同时获得国家科学技术学术著作出版基金、国防科技图书出版基金以及其他专项基金等的资助。为了保证本套丛书的出版质量,国防工业出版社专门成立了由总编辑挂帅的丛书出版工作领导小组和由可靠性领域权威专家组成的丛书编审委员会,从选题征集、大纲审定、初稿协调、终稿审查等若干环节设置评审点,依托领域专家逐一对入选丛书的创新性、实用性、协调性进行审查把关。

　　我们相信,本套丛书的出版将推动我国可靠性理论与技术的学术研究跃上一个新台阶,引领我国工业界可靠性技术应用的新方向,并最终为"中国制造2025"目标的实现做出积极的贡献。

康锐
2018年5月20日

前言

正确认识产品故障规律,准确刻画产品故障行为,是保障产品实现高可靠、长寿命目标的基础。在可靠性工程实践中,对产品故障行为的刻画主要是通过建立可靠性模型实现的。在本书中,我们将产品划分为两个层次:系统和单元。传统的可靠性建模方法的基本假设是故障独立性:在系统层次,假设系统各单元的故障行为是相互独立的;在单元层次,假设单元的多种故障机理是相互独立的。

随着对产品故障规律认识的加深,人们逐渐认识到,故障过程之间的相关性是普遍存在的,且对系统的可靠性具有显著影响。在单元层次,组成系统的设备、组件往往受到多种潜在的故障机理的影响,如结构或材料的过载断裂、磨损、腐蚀、疲劳、老化、蠕变等。这些潜在的故障机理在其演化过程中往往会相互作用,从而加剧单元的失效进程。例如,机械构件的腐蚀和磨损会促进彼此的发生和发展,从而加剧构件的退化进程;在高温和重载的作用下,材料的疲劳和蠕变相互作用,使得材料寿命显著缩短。在系统层次,多个单元的故障行为可能存在共因或互为因果的关系。例如,由于自然灾害、工作或环境条件的突然变化、人的不当操作等事件的发生,系统内多个相似单元同时失效进而导致系统失效的现象,即共因失效(common-cause failures);功能相关的两个单元,一个单元的失效直接导致另一个单元失效的现象,即从属失效(functional dependence)。

对于存在故障相关的情况,基于故障独立性假设的可靠性模型无法支撑系统可靠性的准确估计。例如,对于传递同一力或扭矩的多个构件组成的机械系统,Carter[1]从理论上证明了,由于各构件所承受的应力之间存在着相关性,基于故障独立性假设的传统可靠性模型与系统的真实可靠度存在较大偏差。另外,基于故障独立性假设开展的系统可靠性设计在实际工程中也存在较大偏差。例如,2011年,日本福岛第一核电站的供电系统和应急供电系统因遭受剧烈地震和海啸的破坏而无法工作,最终导致核电站的严重破坏和爆炸事故的发生。基于故障独立假设,由于存在多套应急供电系统作为备份,由供电系统故障导致的停电事故是一个极小概率事件。然而,在发生剧烈地质灾害的情况下,应急供电系统与供电系统发生了共因失效,即基于故障独立性假设的系统可靠度评估事实上过于乐观了。综上所述,现有的基于故障独立性假设的可靠性模型无法全面支撑系统可靠性的准确分析和有效设计。因此,研究给出能够准确刻画相关性影响下产品故障行为的可靠性建模与分析方法成为了可靠性领域内的一个基础性问题。

本书作者在攻读博士学位期间开始对相关故障行为的建模与分析问题开展了深入的研究。本书是作者在该领域最新研究成果的汇总。具体来讲,本书的主要内容包括两大部分。第一部分即本书第二章,主要讨论如何从故障机理与故障机理模型出发,自底向上地构建单元及系统的相关故障行为模型;第二部分即本书第三、四、五章,主要讨论一类相关故障行为的通用模型:基于随机混合自动机的模型,并基于这一模型具体讨论相关故障行为的统一建模、高效分析以及动态评价3个具体问题。

本书中的主要研究成果得到了北京航空航天大学康锐教授、陈云霞教授、陈颖副教授,意大利米兰理工大学 Enrico Zio 教授的悉心指导和肯定,谨向各位老师表示由衷的感谢和敬意。在本书成书过程中,得到了北京电子工程总体研究所可靠性总体技术研究室王冬研究员、赵文晖研究员、原艳斌研究员、曲丽丽高工的专业建议和支持,向各位专家表示诚挚的感谢。

相关故障行为的建模与分析问题,是可靠性领域里一个重要且关键的问题。越是深入地研究这个问题,我们越发地感到自己在这个领域的研究只是初窥门径,还有很大的不足和提升空间。写作本书的最大愿景,就是希望能够起到抛砖引玉的作用,让更多的可靠性研究者和实践者参与到对相关故障行为的研究和应用中来。希望研究人员能够更加深入地了解和刻画相关故障行为,从而更好地驾驭和掌控相关故障行为,让我们生活的世界更加可靠。

范梦飞　曾志国　康锐
2020 年 8 月 30 日

目录

第一章 绪论 1
- 1.1 相关故障行为：产品可靠性设计的"阿喀琉斯之踵" 1
- 1.2 相关故障行为建模的基本思路 2
- 1.3 典型的单元故障行为建模方法：多相关竞争故障过程模型 4
  - 1.3.1 退化模型 4
  - 1.3.2 冲击模型 11
  - 1.3.3 多相关竞争故障过程模型 13
- 1.4 典型的系统故障行为建模方法：共因失效模型 17
  - 1.4.1 参数模型 17
  - 1.4.2 基于马尔可夫过程的共因失效模型 21
  - 1.4.3 基于贝叶斯网络的共因失效模型 23
  - 1.4.4 基于动态故障树的共因失效模型 25
- 1.5 本书内容与结构 27

第二章 基于故障机理的相关故障行为建模与分析 29
- 2.1 常见的故障机理与故障机理模型 29
  - 2.1.1 常见的过应力型故障机理 29
  - 2.1.2 常见的耗损型故障机理 30
  - 2.1.3 故障行为建模 36
  - 2.1.4 现状总结与问题分析 36
- 2.2 考虑机理相关性的单元故障行为模型建立方法 37
  - 2.2.1 机理间关系的建模 37
  - 2.2.2 单元故障行为建模方法 39
  - 2.2.3 应用案例 45
- 2.3 考虑功能相关性的系统故障行为建模方法 48
  - 2.3.1 功能相关性 48
  - 2.3.2 基于物理功能模型的系统故障行为建模方法 50
  - 2.3.3 应用案例 51
- 2.4 本章小结 54

第三章 基于随机混合自动机的相关故障行为建模与分析 55

3.1 随机混合自动机理论	55
3.2 相关故障行为随机混合自动机的基本构建方法	57
3.2.1 离散过程与连续过程	59
3.2.2 连续过程对离散过程的影响	62
3.2.3 离散过程对连续过程的影响	63
3.2.4 离散过程与离散过程的相关	66
3.2.5 连续过程与连续过程的相关	67
3.3 随机混合自动机的蒙特卡罗可靠性分析方法	68
3.4 液压滑阀相关故障行为建模与分析示例	69
3.4.1 液压滑阀的磨损与卡滞	69
3.4.2 液压滑阀相关故障行为的随机混合自动机模型	71
3.4.3 液压滑阀相关故障行为可靠性分析	75
3.4.4 案例应用	77
3.5 本章小结	84

第四章 随机混合自动机模型的半解析分析方法   85

4.1 随机混合系统理论	85
4.2 相关故障行为的随机混合系统建模与分析方法	87
4.3 典型多相关竞争故障过程的随机混合系统建模与分析方法	89
4.3.1 典型多相关竞争故障过程的随机混合系统模型	89
4.3.2 典型多相关竞争故障过程的可靠性分析	90
4.3.3 案例1	93
4.3.4 案例2	96
4.3.5 案例3	101
4.4 系统共因失效的随机混合系统建模与分析方法	105
4.4.1 系统共因失效的随机混合系统模型	106
4.4.2 数值算例	111
4.4.3 案例应用	116
4.4.4 附录	124
4.5 本章小结	126

第五章 考虑相关故障行为的动态可靠性评估   127

5.1 相关故障行为动态可靠性评估的研究现状	127
5.2 系统描述	128
5.3 马尔可夫链蒙特卡罗仿真理论基础	129
5.3.1 Metropolis-Hastings 算法	130

    5.3.2　Gibbs 抽样 ·· 132
  5.4　相关故障行为可靠性动态评估的序贯贝叶斯方法 ············ 133
    5.4.1　相关故障行为的状态空间模型 ······························ 133
    5.4.2　参数估计的序贯贝叶斯框架 ·································· 134
    5.4.3　退化参数更新的粒子滤波算法 ······························ 135
    5.4.4　冲击过程强度更新的 MH 抽样算法 ························ 136
    5.4.5　剩余寿命预计方法 ·· 138
  5.5　模型对比与案例应用 ·· 140
    5.5.1　冲击不可观测条件下的模型对比 ··························· 140
    5.5.2　硬失效影响下的模型对比 ···································· 145
    5.5.3　铣刀相关竞争故障过程动态可靠性评估示例 ············ 148
  5.6　本章小结 ·· 150
第六章　总结与展望 ·· 151
参考文献 ·· 153

第一章

绪　　论

1.1　相关故障行为：产品可靠性设计的"阿喀琉斯之踵"

随着人类社会工业发展水平的提高，人类设计的工程系统的规模和复杂程度都越来越高。类似波音 777 飞机这样的大型客机的零部件数量多达三百余万个。类似 CPU 这样的大型集成电路芯片更是集成了上亿个晶体管。经典的可靠性理论告诉人们，对于不存在冗余的串联系统，系统的可靠性水平是随着系统规模的增加而指数性下降的。因此，如何保证如此大规模系统的可靠性，成为了困扰产品设计者的一大难题。

同样在经典的可靠性理论中可知，增加冗余的部件是可以提高系统的可靠度的。理论上可以证明，在部件之间相互独立的前提下，只要冗余的部件足够多，系统的可靠度将无限趋近于 1。这一结论，被广泛应用在工程上，成为大规模工程系统可靠性设计的理论基础：人们认为，只要冗余的部件（系统、子系统）足够多，就可以保证产品的可靠性水平。事实上，这一设计逻辑支撑了许多成功的可靠性设计。例如，波音 777 飞机设计有 3 套互为冗余的液压系统，保证了飞机控制的高可靠性；在集成电路设计中，也需要设计出大量的冗余模块，当芯片光刻完成后，通过测试，将性能不良的模块屏蔽掉，从而保证芯片整体的高可靠性；在核电站的设计中，对于影响安全的关键系统，均要求设计有多重冗余，以保证安全系统整体的可靠性。

可以说，在经典可靠性理论的指导下，冗余设计为复杂系统的可靠性筑起了一道坚固的屏障。成功开展了冗余设计的系统，似乎就将像古希腊神话中的英雄阿喀琉斯那样，全身上下刀枪不入。然而，即使是刀枪不入的阿喀琉斯也有一个致命的弱点："阿喀琉斯之踵"（脚踝）。这一套基于经典可靠性理论发展出的可靠性设计方法，是不是也有它自己的"阿喀琉斯之踵"呢？

在正式讨论这个问题之前，我们先通过一个例子直观地感受一下。2009 年

5月31日,法国航空AF447航班从巴西里约热内卢起飞,飞往法国首都巴黎。起飞约2h候之后,这架空客330型飞机不幸坠毁于大西洋中,机上228人全部遇难。这起事故的起因是由于测量飞行速度的空速管失效。空速是直接影响飞行安全的重要参数。因此,在空客330上,设计有3个互为冗余的空速管。但是,这个航班在飞行中遇到了由恶劣天气导致的冰雹区,这3个空速管同时由于低温的影响结冰了。于是,飞机的飞行控制系统失去了空速的输入。在空客的设计逻辑中,这并不是什么特别紧急的情况:按照设计逻辑,自动驾驶系统将会断开,飞行员需要手动操纵飞机。由于每一个空速管都设计有自动加热装置,因此,飞行员只要将飞机的飞行姿态保持住,几分钟后,空速管就会恢复正常的读数,飞机也将回到正常的飞行状态。然而,飞行员在这一突发事件前异常紧张,做出了错误的判断:飞行员认为飞机在丧失高度,于是下意识地拉杆让飞机抬头。这一操作反而造成了飞机的攻角过大,最终失速坠毁。

下面,从可靠性设计的角度重新审视一下这一事故。空客公司设计了一个三重冗余的空速管系统,除此之外,飞行员还构成了飞行安全的最后一道防线。从经典的可靠性设计理论来看,这是一个四重冗余的高可靠设计,理应具有非常高的可靠度。那么,为什么事故还是发生了呢?这一问题的关键在于,在经典的可靠性模型中,这个例子中的四重冗余是彼此独立的。而事实上,它们并不相互独立,而是彼此相关的:在飞机遇到极端天气这一事件的前提下,3个空速管同时失效,而非像经典模型中假设的彼此独立地失效;而当所有空速管失效这一事件发生时,飞行员操作失误的可能性也由于情况紧张而大大提高了。这些相关因素共同导致了理论上应该非常可靠的飞机坠毁的悲剧。

在工程实践中,类似这样的相关故障行为并不鲜见。例如,工作在同一环境下的设备的故障率往往是相关的;机械构件的腐蚀和磨损会促进彼此的发生和发展,从而加剧构件的退化进程;在高温和重载的作用下,材料的疲劳和蠕变相互作用,使得材料寿命显著缩短等。可以说,这些相关故障行为的存在,可能对故障独立假设下的可靠性设计造成极大的挑战。毫不夸张地说,如果在早期的建模与分析中没有合理地考虑相关故障行为的问题,那么相关故障行为很有可能在未来成为系统可靠性设计的"阿喀琉斯之踵"。因此,如何正确地描述相关故障行为,并准确高效地开展可靠性分析,是本书关注的核心问题。本书将重点介绍近年来作者与作者团队在相关领域取得的最新研究成果。

1.2 相关故障行为建模的基本思路

由于其重要性,相关故障行为的建模问题在学术界与工业界都得到了广泛的关注。虽然各种描述相关故障行为的模型各有特点,但是,从基本思路上看,描述相关故障行为的模型都是共通的。假设一个产品的故障行为主要由两个相互相关的因素 A 和 B 决定。为了描述相关故障行为,需要设法计算这两个因素同时发生的联合概率:$P(A,B)$。在经典的可靠性理论中,假设各个因素之间相互独立,因此,这个联合概率可以通过各个事件独立发生的概率简单计算得到

$$P(A,B) = P(A) \cdot P(B) \tag{1.1}$$

当存在相关故障行为时,式(1.1)不再成立。此时,所需要的联合概率往往需要通过条件概率公式来计算:

$$P(A,B) = P(A) \cdot P(B|A) \tag{1.2}$$

相关性主要体现在,$P(B|A)$ 通常不等于 $P(B)$。也就是说,事件 A 的发生改变了人们对事件 B 是否发生的信度。在式(1.2)中,A 可以被认为是"原因",而事件 B 则受到 A 的影响。式(1.2)虽然简单,但是高度概括了相关故障建模的基本原理。不同的相关故障行为建模方法,主要的差距体现在应用这一基本原理时采用了不同的方法。

在 1.1 节讨论的 AF447 航班空难的例子中,假设用 $E_1 \sim E_3$ 分别表示空速管 1、2、3 的失效,用 E_4 表示飞行员误操作的概率。在经典可靠性理论中,假设 $E_1 \sim E_4$ 是相互独立的。因此,事故发生的概率可以表示为

$$P_A = P(E_1) \cdot P(E_2) \cdot P(E_3) \cdot P(E_4) \tag{1.3}$$

由于上述 4 个失效概率本身都是很小的,因此,发生事故的风险将被认为是非常小,甚至是可以忽略的。

然而,如果考虑这些因素之间的相关性,事故发生的概率应该以如下公式计算:

$$P_A = P(E) \cdot P(E_1, E_2, E_3 | E) \cdot P(E_4 | E_1, E_2, E_3, E) \tag{1.4}$$

式中:事件 E 表示恶劣天气。

当恶劣天气出现的时候,从 1.1 节中的分析可以看出,3 个空速管同时发生失效的概率是非常高的;而当 3 个空速管同时失效,飞机丧失有效空速的时候,飞行员误操作的概率也会由于飞行员紧张而大大提高。因此,事实上,由于相关性的存在,当恶劣天气这一事件发生时,系统其实并非如同人们想象的那样可靠。

为了方便读者更好地理解式(1.2)中的基本原理是如何在实际中被应用的,本书将在后续章节中介绍一些典型的相关故障行为建模方法。将产品划分为单元和系统两个层次,分别回顾相关故障行为建模的常见方法。1.3 节主要讨论单元层次的相关故障行为建模方法。具体来说,主要介绍多相关竞争故障过程模型这一

大类在各个领域被广泛应用的模型。在1.4节中,聚焦系统层次的一类常见相关故障行为:共因失效,并介绍文献中常见的共因失效故障行为的建模方法。需要指出的是,在各类文献中,关于相关故障行为的研究可谓汗牛充栋。本节的目的并不是对这一领域进行一个详细的综述,而仅仅是分别在单元和系统两个层次给出一些相关故障行为的典型例子,以达到帮助读者更好地理解相关故障行为建模基本原理的目的。

1.3 典型的单元故障行为建模方法:多相关竞争故障过程模型

多相关竞争故障过程(multiple dependent competing failure processes)是指单元可能承受的多个相互影响的、能够单独造成单元故障的故障过程。通常,故障可分为两类:一类是可通过一个或多个状态监测指标预测的故障,这类故障被称为渐发故障(gradual failure),也称为软失效(soft failure);另一类是无法通过状态监测指标或产品运行时间预测的、发生时间完全随机的故障,这类故障被称为突发故障(sudden failure),也称为硬失效(hard failure)。多相关竞争故障过程模型即是基于上述故障分类建立的产品故障过程和可靠性模型,其中软失效由退化过程描述,硬失效由冲击过程描述[2]。考虑到实际工作环境下退化过程和冲击过程可能存在的相互作用关系,单元的软失效过程和硬失效过程往往是概率相关的故障过程[3]。因此,多相关竞争故障过程的可靠性建模问题包含3个核心内容,即退化过程建模、冲击过程建模与故障过程相关关系建模。本节将分别介绍典型的退化模型、冲击模型和多相关竞争故障过程模型。

1.3.1 退化模型

许多故障机理可以被追溯到一个潜在的退化过程。Gorjian等[4]将系统的退化定义为系统的性能、可靠度和使用期限随时间不断衰减的过程。Lehman[5]定义工程领域的退化为系统在寿命周期内积累不可逆转的损伤,最终导致故障的过程。退化过程通常由系统或单元的一个或多个可直接或间接观测的指标描述,当退化量达到指定的故障阈值则认定故障发生。在可靠性工程中,退化模型分为常规退化模型(normal degradation model)和加速退化模型(accelerated degradation model)[4]。常规退化模型基于产品常规工作条件下得到的退化数据估计产品可靠度,加速退化模型则利用加速应力条件下的退化数据估计产品在常规条件下的可靠度。本节主要介绍常规退化模型中的4种常用模型:一般退化轨迹模型(general degradation path model)、基于马尔可夫过程的退化模型、基于伽马过程的退化模型和基于维纳过程的退化模型。

1.3.1.1 一般退化轨迹模型

一般退化轨迹模型可以表示为

$$d_i(t_j) = f(t_j, \boldsymbol{\Phi}, \boldsymbol{\Theta}_i) + \varepsilon_{ij} \qquad (1.5)$$

式中:t_j 为第 j 次退化量测量的时间;f 为一个描述实际退化轨迹的非减函数;$d_i(t_j)$ 为单元 i 在第 j 次测量时的退化量;$\boldsymbol{\Phi}$ 为确定性参数向量;$\boldsymbol{\Theta}_i$ 为第 i 个单元的随机参数向量,服从联合分布 $G_{\Theta}(\cdot)$;ε_{ij} 为与 $\boldsymbol{\Theta}_i$ 相独立的常方差误差项,$\varepsilon_{ij} \sim N(0, \sigma^2)$。

一般退化轨迹模型是一种回归模型,模型中的随机变量或常量由观测到的退化数据拟合得到。一个最简单的模型如 $d(t) = bt$,其中参数 b 可以是随机变量也可以是常量。这种模型的优势是形式简单,但往往不能很好地拟合实际的退化轨迹[6]。一个经典的线性回归模型为 $d_i(t) = \beta_0 + \beta_1 t + \varepsilon_i (i = 1, 2, \cdots, n)$,其中 $d_i(t)$ 表示单元 i 在 t 时刻的退化量,β_i 是确定性参数,$\varepsilon_1, \varepsilon_2, \cdots, \varepsilon_n$ 是与时间无关的独立同正态分布的随机变量。在实际的退化分析中,退化数据往往是来自同一总体的多个样本的重复测量数据。考虑到样本间的设计和制造偏差,一般退化轨迹模型衍生出一类同时考虑确定性参数和随机参数的混合影响模型(mixed effects models)。Lindstrom 和 Bates[7]基于大量关于混合影响模型的研究,提出了混合影响模型的一般形式,即非线性混合影响模型(nonlinear mixed effects model):

$$y_{ij} = f(\boldsymbol{P}_i, \boldsymbol{x}_{ij}) + \varepsilon_{ij} \qquad (1.6)$$

式中:y_{ij} 为第 i 个样本在第 j 次测量的响应值;$\boldsymbol{x}_{ij}$ 为第 i 个样本在第 j 次测量的预测向量;$\boldsymbol{P}_i$ 为 r 维的参数向量;f 为关于预测向量和参数向量的非线性函数;ε_{ij} 为正态分布的误差项。参数向量 $\boldsymbol{P}_i$ 可展开为下式形式:

$$\boldsymbol{P}_i = \boldsymbol{A}_i \boldsymbol{\beta} + \boldsymbol{B}_i \boldsymbol{b}_i, \quad \boldsymbol{b}_i \sim N(0, \sigma^2 \boldsymbol{D}) \qquad (1.7)$$

式中:$\boldsymbol{\beta}$ 为一个 p 维确定性影响参数向量;$\boldsymbol{b}_i$ 为对应于样本 i 的一个 q 维随机影响参数向量;矩阵 $\boldsymbol{A}_i$ 和 $\boldsymbol{B}_i$ 分别为 $r \times p$ 确定性影响参数设计矩阵和 $r \times q$ 随机影响参数设计矩阵;$\sigma^2 \boldsymbol{D}$ 为协方差矩阵。通过定义设计矩阵 $\boldsymbol{A}_i$ 和 $\boldsymbol{B}_i$,非线性混合影响模型可用于处理不同样本受不同参数影响的情况。

基于式(1.6)定义的非线性混合影响模型,Lindstrom 和 Bates[7]给出了结合线性混合影响模型极大似然估计和非线性确定影响模型最小二乘估计的参数估计方法。Lu 和 Meeker[8]提出了一种两阶段算法用于估计非线性混合影响模型的随机影响参数,在此基础上,Yuan 和 Pandey[9]给出了基于在线监测的退化数据进行回归分析的非线性混合影响模型,解决了多样本退化数据采集时间不同步情况下的回归分析问题。

Lu 和 Meeker[8]基于一般退化轨迹模型计算系统故障时间的分布,其退化轨迹为 $x_{ij} = f(t_i; \boldsymbol{\Phi}, \boldsymbol{\Theta}_j) + \varepsilon_{ij}$,其中 x_{ij} 为单元 j 在预定 t 时刻的退化量,$\boldsymbol{\Phi}$ 为所有单元共有的确定性影响参数向量,$\boldsymbol{\Theta}_j$ 为单元 j 的随机影响参数向量,ε_{ij} 为单元 i 在第 j 次测

量时的误差项。Bae 和 Kvan[10]用非线性混合影响模型(nonlinear random-coefficient model,其一般形式与非线性混合影响模型一致)拟合高可靠光显示组件的多阶段退化轨迹,分别采用一阶近似(first-order approximation)等 4 种近似方法估计退化曲线,并估计光显示组件的故障时间分布,以获取光显示组件的老化特性。Bae 等[11]基于组件退化特征的加法模型和乘法模型研究了组件故障时间的分布,其中加法模型定义为 $D(t,\Theta,X)=\eta(t,\Theta)+X$,其中,$\eta(t,\Theta)$ 为 t 时刻的确定性平均退化量,X 为在平均退化量上累加的随机噪声,Θ 为确定性参数;在乘法退化模型中,退化量定义为 $D(t,\Theta,X)=X\cdot\eta(t,\Theta)$,其中 X 是一个随机变量。Haghighi 和 Nikulin[12]分别采用参数的和非参数的方法估计多个条件独立故障模式影响下的可靠度函数及其参数,文中所采用的退化模型为 $D(t)=\dfrac{t}{A}$,其中 A 表示随机退化率,该模型同样符合一般退化轨迹模型的一般形式。

一般退化轨迹模型具备形式简单、计算方便的优势,适用于对产品退化机理较为了解、已知符合退化机理的退化轨迹的情况;但其关于样本空间和退化轨迹函数的假设较为严格,当样本中出现与其他样本明显不同的样本时,该模型则无法给出退化量的准确估计。

1.3.1.2　基于马尔可夫过程的退化模型

马尔可夫链(Markov chain)是一种具有离散状态空间和离散时间空间的随机过程,连续时间空间的马尔可夫链被称为马尔可夫过程(Markov process)[13]。假设 $\{X(t),t\geq 0\}$ 表示系统在 t 时刻状态的随机过程,其状态空间记为 S,对于任意 $0\leq t_0<t_1<\cdots<t_n<t_{n+1}$,$i_k\in S$,$0\leq k\leq n+1$,若 $P\{X(t_0)=i_0,X(t_1)=i_1,\cdots,X(t_n)=i_n\}>0$,就有

$$P\{X(t_{n+1})=i_{n+1}\mid X(t_0)=i_0,X(t_1)=i_1,\cdots,X(t_n)=i_n\}=P\{X(t_{n+1})=i_{n+1}\mid X(t_n)=i_n\} \tag{1.8}$$

则称 $\{X(t),t\geq 0\}$ 为马尔可夫过程。换言之,马尔可夫过程未来状态的条件概率分布与当前状态之前的状态无关[14]。若对于任意 $s,t\geq 0$ 和 $i,j\in S$,有

$$P\{X(s+t)=j\mid X(s)=i\}=P\{X(t)=j\mid X(0)=i\}\triangleq P_{ij}(t) \tag{1.9}$$

则称 $\{X(t),t\geq 0\}$ 为齐次马尔可夫过程(也称时齐马尔可夫过程)。换言之,齐次马尔可夫过程的转移概率与转移起始的绝对时刻无关[15]。

基于马尔可夫过程的退化模型多用于维修过程建模与分析。自 20 世纪 80 年代起,"以可靠性为中心的维修"(reliability-centered maintenance,RCM)理念的发展打破了传统定期维修的固有维修模式,建立了关注维修活动的经济性和对产品/系统可靠度提升的有效性的维修思想。基于 RCM 的维修策略不仅考虑"修旧如新"的更换式维修,同时考虑其他更具经济性但修复程度较低的维修方式,如"修

旧如旧"的最小维修；在维修活动的规划方面，不再局限于定期维修，可采用基于产品/系统的条件监测数据（condition monitoring data）的视情维修（condition-based maintenance）。RCM的上述特点使得维修策略的制定与产品/系统的性能退化状态紧密结合，在这一背景下，马尔可夫过程作为多态系统模型常被用于描述系统的性能退化和维修过程。Endrenyi等[16]提出了一种基于RCM的维修策略，并采用马尔可夫过程描述系统的故障和维修过程，其状态转移图如图1.1所示。

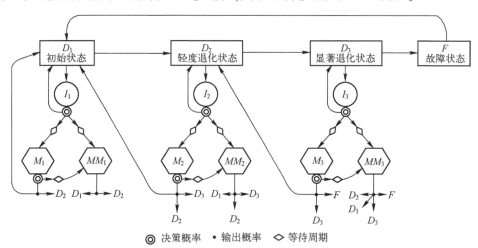

图1.1 系统故障和维修过程的马尔可夫模型状态转移图示例

该模型定义了系统的4种状态：D_1（初始状态）、D_2（轻度退化状态）、D_3（显著退化状态）和F（故障状态）；考虑了3类维修活动：I（常规检测）、M（小修）和MM（大修（翻修）），其中常规检测用于识别是否进行维修以及应采用的维修级别（小修或大修）。通过求解该马尔可夫过程模型，建立系统各状态的概率分布和逗留时间与维修活动相关参数的定量关系，以辅助维修策略的评价和优化。Welte等[17]研究了水力发电站中的组件退化过程建模和维修策略优化问题：参照挪威电力工业协会的规定，将组件的连续退化过程划分为5个状态（包含一个故障状态），并用伽马分布拟合组件在每个状态的逗留时间，然后基于"n个独立同指数分布随机变量的和服从形状参数为n的伽马分布"的性质，将各退化状态拆分为若干子状态，从而将原退化模型转化为马尔可夫过程求解。

马尔可夫过程假设系统在各状态的逗留时间服从指数分布，而在退化建模时有时会遇到系统在各退化状态的逗留时间是一般分布的情况，此时通常采用马尔可夫更新过程（Markov renewal process）或半马尔可夫过程（semi-Markov process）[18]对退化过程建模。马尔可夫更新过程是更新理论与马尔可夫链的结合[19]。假设$X=\{X_n, n \geq 0\}$，对于固定的$n \geq 0$，X_n是取值于状态空间$S=\{0,1,2,\cdots\}$

的随机变量;$T=\{T_n, n \geq 0\}$,T_n是取值非负的随机变量,且$0=T_0 \leq T_1 \leq T_2 \leq \cdots \leq T_{n-1} \leq T_n \leq \cdots$;如若对$\forall n \geq 0, j \in S, t \geq 0$满足

$$P\{X_{n+1}=j, T_{n+1}-T_n \leq t | X_0, T_0, X_1, T_1, \cdots, X_n, T_n\}$$
$$=P\{X_{n+1}=j, T_{n+1}-T_n \leq t | X_n\} \qquad (1.10)$$

称过程$\{X, T\}=\{(X_n, T_n), n \geq 0\}$为马尔可夫更新过程。式(1.10)称为半马尔可夫性,意味着已知当前状态X_n,马尔可夫更新过程的未来状态和在X_n状态逗留时间的联合分布与过去的历史$X_0, T_0, \cdots, X_{n-1}, T_{n-1}, T_n$独立。令

$$Y(t) = \begin{cases} X_n & (T_n \leq t \leq T_{n+1}) \\ \infty & (t > \sup_n T_n) \end{cases} \qquad (1.11)$$

称$Y=\{Y(t), t \geq 0\}$为马尔可夫更新过程(X, T)产生的半马尔可夫过程。马尔可夫更新过程在其各状态的逗留时间可定义为任意分布,若定义为指数分布,马尔可夫更新过程退化为马尔可夫过程。一般情况下,半马尔可夫过程在其更新点$\{T_n, n \geq 0\}$上,即$\{Y(T_n)=X_n, n \geq 0\}$是马尔可夫链;半马尔可夫过程不属于马尔可夫过程。

Kharoufeh等[20-21]提出一种两变量马尔可夫过程模型$\{X(t), Z(t): t \geq 0\}$来描述组件退化率与环境因素相关的随机退化过程,并给出组件故障时间的解析累积分布函数,其中,$Z(t)$表示随机变化的环境因素,$\{Z(t): t \geq 0\}$是有限状态的马尔可夫过程;$X(t)$表示组件退化率,组件退化率与随机环境$Z(t)$相关,即$X(t+\varepsilon)-X(t)$由$Z(t)$决定,$X(t)$同样具有马尔可夫性;$\{X(t), Z(t): t \geq 0\}$构成一个马尔可夫加成过程(Markov additive process)。考虑随机环境过程在各状态逗留时间服从一般分布的情况,即不受指数分布"无记忆性"限制的情况,Kharoufeh等[22]研究了半马尔可夫环境过程驱动的组件退化过程。Veeramany和Pandey[23]针对核电站管道可靠度分析问题,提出了管道退化的半马尔可夫模型,通过与Fleming的齐次马尔可夫模型[24]对比验证了半马尔可夫模型的有效性,并用该模型分析了裂纹发生时间服从威布尔分布的情况。Chryssaphinou等[25]针对多组件、多态可修系统的退化问题,提出了组件退化过程服从离散时间半马尔可夫链的系统可靠性模型。

马尔可夫模型适用于处理不完整数据下的退化建模,能够模拟多种故障情景,且模型的求解效率较高[4]。然而,这类模型将退化过程划分为若干个离散的退化状态,无法实现连续退化过程的建模;此外,建立这类模型需要大量的训练数据。

1.3.1.3 基于伽马过程的退化模型

伽马过程(Gamma process)是一类具有独立非负增量的随机过程,其增量服从同一尺度参数(scale parameter)的伽马分布。假设连续时间的随机过程$\{X(t), t \geq 0\}$是形状参数(shape parameter)为v、尺度参数为u的平稳伽马过程,则$\{X(t), t \geq 0\}$满足下列性质:

- $X(0) = 0$;
- $X(t)$ 具有独立增量;
- 对于任意 $t > s \geq 0$,都有 $X(t) - X(s) \sim \mathrm{Ga}[\nu(t-s), u]$。

其中 $\mathrm{Ga}[\nu(t-s), u]$ 表示形状参数为 $\nu(t-s)$、尺度参数为 u 的伽马分布 (Gamma distribution)。记 $x = X(t+1) - X(t)$,则 x 的概率密度函数为

$$f_{\mathrm{Ga}}(x; \nu, u) = \frac{1}{\Gamma(\nu) u^{\nu}} x^{\nu-1} \mathrm{e}^{-x/u} I_{(0, \infty)}(x) \tag{1.12}$$

式中: $\Gamma(\nu) = \int_0^{\infty} x^{\nu-1} \mathrm{e}^{-x} \mathrm{d}x$ 是伽马函数(Gamma function); $I_{(0, \infty)}(x)$ 为示性函数,且

$$I_{(0, \infty)}(x) = \begin{cases} 1 & (x \in (0, \infty)) \\ 0 & (x \notin (0, \infty)) \end{cases} \tag{1.13}$$

一般认为,Abdel-Hameed[26]最早提出用伽马过程描述随机退化路径。在退化模型中,具有非负增量假设的伽马过程适用于描述累积损伤随时间单调增加的情况,如材料的疲劳、腐蚀和裂纹;实际中,这一假设对于大多数退化过程都是成立的。在文献中,基于伽马过程的退化模型被用于描述海岸线防御结构腐蚀[27]、混凝土结构裂纹扩展和钢筋腐蚀[28]、平转桥汽缸退化[29]、钢结构涂层腐蚀[30]、碳膜电阻退化[31]等。

Lawless 和 Crowder[32]提出了一种随机影响伽马过程,利用协变量来描述退化轨迹的差异性:定义伽马过程的尺度参数为 $z\varepsilon$,其中,z 是一个随机变量,ε 表示伽马分布的尺度参数。常用的伽马过程参数估计方法有极大似然估计法、矩估计法和贝叶斯统计法[6]。Guo 和 Tan[33]采用贝叶斯方法更新伽马过程的参数。Wang[31]提出了一种非参数的"伪似然"方法估计非平稳伽马过程的未知参数。

在文献中,大多数基于伽马过程的退化模型采用平稳伽马过程,部分模型采用了伽马过程的扩展模型,包括多变量伽马过程、扩展伽马过程(加权伽马过程)和非平稳伽马过程。Buijs 等[34]利用两变量伽马过程,评估承受两种退化模式的防汛设施的可靠度。两变量伽马过程还被用于拟合发光二极管的退化轨迹和承受两处疲劳裂纹的组件退化轨迹[35-36]。Dykstra 和 Laud[37]定义了一种扩展伽马过程 $Z(t) = \int_0^t u(t) \mathrm{d}Y(t)$,其中,$u(t)$ 是一个关于时间的非减实值右连续函数,$Y(t)$ 是形状参数为 $v(t)$ 的伽马过程。非平稳伽马过程是经典伽马过程的另一类延伸,非平稳伽马过程同样具有 $X(0) = 0$ 和独立增量的性质,但其增量服从一个形状参数与时间相关的伽马分布[4]:

$$X(t) - X(s) \sim G(v(t) - v(s), u) \quad (t > s \geq 0) \tag{1.14}$$

式中:$v(t)$ 是 $t(t \geq 0)$ 的实值非减右连续函数,$v(0) \equiv 0$。Wang 等[38]利用非平稳伽马过程对水泵系统退化过程建模,并在此基础上计算了水泵的剩余寿命分布。非

平稳伽马过程还被用于描述钢筋涂层和混凝土蠕变的退化轨迹[39-40]。

1.3.1.4 基于维纳过程的退化模型

维纳过程(Wiener process)又称高斯过程(Gaussian process)或漂移布朗运动(Brown motion with drift)。Ross[41]定义漂移系数为μ、方差参数为σ^2的维纳过程(或漂移布朗运动)$\{X(t),t\geq 0\}$满足：

- $X(0)=0$；
- $\{X(t),t\geq 0\}$具有平稳独立增量；
- $X(t)$服从均值为μt、方差为$t\sigma^2$的正态分布。

通常称$\mu=0,\sigma^2=1$的维纳过程为标准维纳过程,因此,维纳过程$X(t)$也可以表示为

$$X(t)=\sigma W(t)+\mu t \tag{1.15}$$

式中:$W(t)$为标准维纳过程。

Kahle[42]用维纳过程定义系统的累积损伤为

$$X(t)=X_0+\mu(t)+\sigma W(t) \tag{1.16}$$

式中:$X(t)$为t时刻的累积损伤;$\mu(t)$为漂移参数;σ为扩散参数(方差参数);$W(t)$为标准维纳过程。基于维纳过程的退化模型通常假定漂移量是时间的线性函数,如$\mu(t)=\mu_1 t$,其中,μ_1是平均退化率,则在时刻t,退化量$X(t)$的分布为$N(\mu_1 t,\sigma^2 t)$。

维纳过程常被用于描述工程系统或产品的退化轨迹,如铝合金构件疲劳裂纹扩展[43]、LED灯退化[44]、转动轴承退化[45]、桥架大梁退化[46]等。Wang和Coit[47]利用维纳过程对存在多个退化过程的系统建模并评估系统可靠度,模型考虑了退化过程之间独立或相关的情况。Barker和Newby[48]假设多组件系统各组件的退化轨迹是相互独立的维纳过程,并研究了该系统的最优检测策略。Nicolai等[30]研究了含有机涂层的钢结构的退化建模问题,对比了3种随机模型的拟合优度:非线性漂移布朗运动、非平稳伽马过程、TSHG(two-stage hit-and-grow)模型。结果显示非线性漂移布朗运动和非平稳伽马过程均能较好地拟合退化数据,且两种模型的差异较小;当退化过程不确定性较大时,漂移布朗运动模型不适于拟合退化过程,而TSHG模型仍能较好地拟合退化数据,且通过该模型可以获得更多关于钢结构涂层退化机理的信息。Wang[46]用随机漂移和扩散参数的维纳过程对桥梁退化过程建模,并采用极大似然估计法估计模型参数。Si等[49]在进行武器系统和空间设备惯性平台的剩余寿命估计时,采用维纳过程对系统退化过程建模,并通过一个递归滤波算法更新维纳过程的漂移参数。

维纳过程到达某一定值的时间服从逆高斯分布(inverse Gaussian distribution)$IG(\eta,\lambda)$,其概率密度函数为

$$f(t) = \sqrt{\frac{\lambda}{2\pi}} t^{-\frac{3}{2}} \exp\left\{-\frac{\lambda(t-\eta)^2}{2\eta^2 t}\right\} \quad \left(t>0, \eta=\frac{a}{\mu}, \lambda=\frac{a^2}{\sigma^2}\right) \quad (1.17)$$

式中：η 和 λ 为分布参数；a 为定值（在退化模型中为退化过程的故障阈值）。根据维纳过程的这一特性，Kahle 和 Lehmann[51] 分别讨论了基于退化增量观测数据、基于退化故障时间数据和基于混合数据的维纳退化过程参数估计问题。

维纳过程是非单调过程，这一特性使其在处理受噪声影响的退化数据时具有一定的优势，同时也限制了维纳过程在单调增加的退化过程建模中的应用。对此，Elsayed 和 Liao[52] 提出了具有非负增量特性的几何布朗运动过程，该模型可用于单调增加的退化过程建模。在该模型中，t 时刻的退化量表示为

$$Z(t) = \mu e^{bt} e^{\sigma_1 W(t)} \quad (1.18)$$

式中：μ 和 b 分别为退化初始量和漂移参数；$W(t)$ 为标准布朗运动；σ_1 为代表各种内外因素作用的扩散参数。

1.3.2 冲击模型

通常情况下，冲击模型被用于研究承受不定时冲击的系统的故障机理。如果冲击过程用随机过程定义，则冲击模型为随机冲击模型[53]。随机冲击模型一般假设：

- 冲击的到来服从泊松过程，即到 t 时刻为止发生的冲击数 $N(t)$ 服从泊松分布：

$$P(N(t) = n) = \frac{e^{-\int_0^t \lambda(u) du} \left(\int_0^t \lambda(u) du\right)^n}{n!} \quad (n=0,1,2\cdots) \quad (1.19)$$

式中：$\lambda(t)$ 为泊松过程的强度参数，若强度参数为常数，则称为齐次泊松过程（或时齐泊松过程）；若强度参数为时间 t 的函数，则称为非齐次泊松过程（或非时齐泊松过程）。

- 冲击带来的损伤量，记为 $W_i (i=1,2,\cdots,N(t))$，是统计独立同分布的。

实际上，一些冲击的到来会引发系统的突然故障，这些冲击在文献中被称为致命性冲击（fatal shock）或创伤性事件（traumatic event），由此导致的系统故障被称作是硬失效（hard failure）。文献中经典的冲击模型有极限冲击模型（extreme shock model）、累积冲击模型（cumulative shock model）、δ 冲击模型（δ-shock model），以及在这些冲击模型的基础上扩展的混合冲击模型（mixed shock model）[54]、连续冲击模型（run shock model）[55] 和独立损伤模型（independent damage model）[56] 等。本节主要介绍前 3 类基本的冲击模型。

1.3.2.1 极限冲击模型

令 T 表示系统的寿命，y 表示冲击强度的确定性阈值，X_i 表示第 i 次冲击的强

度，$N(t)$ 表示到 t 时刻为止到达的冲击次数。极限冲击模型假设当系统受到强度大于阈值的冲击时，系统立即故障，其数学表示为

$$\{T>t\} \Leftrightarrow \{\max_i \{X_i\} \leqslant y\} \quad (\forall i=1,2,\cdots,N(t)) \quad (1.20)$$

Gut 和 Husler[57]提出了一种广义极限冲击模型，定义了冲击强度的致命性损伤阈值和非致命性损伤阈值。该模型假设致命性损伤阈值随着每一个中等强度冲击（冲击强度低于致命性损伤阈值且高于非致命性损伤阈值）的到来而减小。Cirillo 和 Husler[58]在文献[57]模型的基础上，采用"缸过程"（urn processes）描述中等强度冲击对系统强度阈值的影响，"缸过程"是一类以"从一个或多个缸中抽取、更换或增加球"的形式来等效描述特定概率事件的概率模型。Cirillo 和 Husler[59]在文献[58]模型的基础上，采用贝叶斯非参数方法预测极限冲击事件。Cha 和 Lee[60]提出了一种广义极限冲击模型，将冲击分为致命性冲击和非致命性冲击两类。其中非致命性冲击又分为两种类型：一类冲击不对系统产生显著影响；另一类冲击会为系统带来一个与时间相关的损伤增量。

1.3.2.2 累积冲击模型

在累积冲击模型中，当由冲击造成的累积损伤达到故障的临界阈值时系统发生故障，这个特定的系统故障时间被称作是系统的"首穿时"。记 $S(t) = \sum_{i=1}^{N(t)} X_i$，$Z_{N(t)} = \sum_{i=1}^{N(t)} T_i$，其中：$S(t)$ 为累积冲击损伤；X_i 为第 i 次冲击带来的损伤量；$Z_{N(t)}$ 为第 $N(t)$ 个冲击到达的时刻；T_i 为第 i 次冲击与第 $i-1$ 次冲击的到达时间间隔；$\{N(t), t \geqslant 0\}$ 为到 t 时刻为止到达的冲击总数。若假设 $\{N(t), t \geqslant 0\}$ 服从泊松过程，$\{X_i(i=1,2,\cdots)\}$ 为独立同分布的随机变量且与 $\{N(t), t \geqslant 0\}$ 独立，则称 $\{S(t), t \geqslant 0\}$ 为复合泊松过程（compound Poisson process）。令 H 表示累积冲击故障的临界阈值，则系统"首穿时" $\tau(t)$ 定义为

$$\tau(t) = \min_t \{S(t) \geqslant H\} \quad (1.21)$$

Gut 和 Husler[57]提出了一种广义累积冲击模型，只考虑最近发生的累积损伤。该模型中，系统的故障时间 $v(t)$ 表示为

$$v(t) = \min\{n: S_{k_n,n} = \sum_{j=n-k_n+1}^{n} X_j \geqslant H\} \quad (H > 0) \quad (1.22)$$

式中：k_n 为出现了 n 个冲击之后，对系统造成损伤的最近的冲击数量；$v(t)$ 实际上指的是引发系统故障的最近一个冲击的序数。Frostig 和 Kenzin[61]研究了承受冲击的退化系统的极限平均可用度，假设冲击的到来过程服从泊松过程，冲击损伤用累积冲击模型来描述。文中共提出了两种模型，一种假定了冲击损伤的分阶段分布，且该分布不受随机环境条件的影响，另一种采用马尔可夫过程描述随机环境对冲击到达过程和冲击损伤的影响。

1.3.2.3 δ 冲击模型

令 τ 表示系统的寿命,T_i 表示第 i 次冲击到达的时间,$N(t)$ 表示到 t 时刻为止到达的冲击次数。δ 冲击模型假设当两个连续到达的冲击之间的时间间隔小于确定阈值 δ 时,系统故障。换言之:

$$\{\tau>t\}\Leftrightarrow\{\min_i |T_i-T_{i-1}|>\delta\} \quad (\forall i=1,2,\cdots,N(t)) \quad (1.23)$$

Lam 和 Zhang[62]、Lam[63]基于 δ 冲击模型,研究了随机冲击影响下系统的最优维修策略,其中冲击的到达过程用泊松过程来描述。Tang 和 Lam[64]研究了冲击的到达时间服从威布尔分布或伽马分布的情况下,基于 δ 冲击模型下的系统维修策略。Li 和 Kong[65]给出了冲击过程分别服从齐次泊松过程和非齐次泊松过程时,基于 δ 冲击模型的系统可靠度解析函数。Eryilmaz[55]提出了一种扩展 δ 冲击模型,并在此基础上研究了系统的可靠度函数和平均故障时间。该模型在经典的 δ 冲击模型基础上,考虑当 k 个连续冲击的到达间隔时间均小于规定阈值 δ 时,系统故障的情况。他们同时提出了一种考虑两种竞争故障模式的模型:连续冲击模型和上述的扩展 δ 冲击模型:当 k 个连续冲击的到达间隔时间均小于规定阈值 δ,或累计有 m 个超过指定阈值的冲击到来时,系统故障。

1.3.3 多相关竞争故障过程模型

根据相关关系的作用方式,本节分别回顾文献中考虑"冲击过程对退化过程的影响""退化过程对冲击过程的影响""退化过程与退化过程相关""冲击过程对硬失效的影响"4 类基本故障相关关系的多相关竞争故障过程模型。

1.3.3.1 冲击过程对退化过程的影响

冲击过程对退化系统的一个典型作用是加剧系统的退化程度。Peng 等[2]假设冲击的到来会为微机电系统的常规退化过程带来一个额外的增量,并计算了承受此类冲击影响的系统可靠度。Keedy 和 Feng[66]发现一些生物医学植入装置的故障机理同样存在文献[2]中讨论的情况:人体动脉支架可能因为一些过载事件而瞬时失效(例如植入过程中的挤压过载、病人的剧烈活动等),也可能由于心脏收缩和舒张带来的周期应力而萌生疲劳裂纹,当裂纹长度增长到临界阈值时发生延迟失效,而对于一些活动强度较高的病人来说,外部载荷事件的发生会在支架疲劳裂纹扩展的基础上增加额外损伤。文献基于上述相关故障机理建立了动脉支架的可靠性模型,并为病人植入支架后的后续检查安排建立了定制预防性维修模型。

在随机冲击环境下,系统的退化规律有时会在冲击的作用下发生改变。Wang 和 Pham[67]研究了相关退化过程和随机冲击影响下的单组件系统可靠度,其中冲击对系统的影响存在两种情况:①冲击的到来会引发系统故障,②冲击的到来会引发退化轨迹的随机改变;冲击过程分别考虑冲击序列确定和服从泊松过程的情况。

Cha 和 Finklstein[68]考虑了极限冲击模型和线性确定性退化轨迹相结合的情况,该模型假设随机冲击以概率 $p(t)$ 导致系统故障,以概率 $1-p(t)$ 增大系统的退化率。

基于现实中不同随机冲击事件可能对系统故障状态和退化规律产生不同影响的情况,文献中围绕冲击的区别化建模进行了深入的研究。Rafiee 等[69]提出了一种考虑了不同冲击模式的冲击改变退化速率的多相关竞争故障过程模型,文中讨论的冲击故障模式包括:极值冲击模型、累积冲击模型、δ 冲击模型和 m 冲击模型。Jiang 等[70]按照冲击的强度将冲击划分为 3 种冲击区域(shock zones),考虑了安全冲击、非致命性冲击和致命性冲击对退化过程的不同作用。Song 等[3]根据随机冲击对系统的不同影响提出了冲击集(shock sets)的概念,并在此基础上提出了一种考虑相关退化过程与冲击过程的系统可靠性模型。

在单退化过程系统相关故障行为研究的基础上,文献中探索了多退化过程系统受冲击过程影响的情况。Wang 和 Pham[71]利用 Copula 方法评价系统承受相关竞争随机冲击和多退化过程下的可靠度。系统中存在多个退化过程,以基本乘法路径模型(the basic multiplicative path model)描述:

$$D_i(t;X_i,\theta_i) = X_i \cdot \eta_i(t;\theta_i) \tag{1.24}$$

式中:$D_i(t;X_i,\theta_i)$ 为第 i 个退化过程的退化量;$\eta_i(t;\theta_i)$ 为第 i 个退化过程的平均退化轨迹;θ_i 为退化模型的参数;X_i 是为表示退化过程间差异而引入的随机变量。随机冲击以泊松过程描述,并按照冲击载荷的大小被分为两类:致命性冲击和非致命性冲击。致命性冲击的到来会导致系统故障,非致命性冲击对退化过程产生两类影响:①造成累积退化量的增加,②增大退化速率。考虑到随机冲击对多退化过程的影响,第 i 个退化过程的累积损伤表示为

$$M^{(i)}(t) = X_i\eta_i(te^{G(t,\gamma^{(i)})};\theta_i) + \sum_{j=1}^{N_2(t)}\omega_{ij} \tag{1.25}$$

在随机冲击的影响下,式(1.25)在式(1.24)的基础上考虑了非致命性冲击引发的累积冲击损伤 $\sum_{j=1}^{N_2(t)}\omega_{ij}$,其中 ω_{ij} 表示第 j 个冲击作用在第 i 个退化过程上的损伤量,$N_2(t)$ 表示到 t 时刻为止到达的非致命性冲击数;此外,式(1.25)对平均退化轨迹 $\eta_i(t;\theta_i)$ 进行了修正:借鉴加速寿命试验的思想,随机冲击过程使得退化过程以加速因子 $e^{G(t,\gamma^{(i)})}$ 被加快,其中

$$G(t,\gamma^{(i)}) = \gamma_1^{(i)}N_2(t) + \gamma_2^{(i)}\sum_{j=1}^{N_2(t)}\omega_{ij} \tag{1.26}$$

式中:$\gamma_1^{(i)}N_2(t)$ 反映了非致命性冲击数对退化速率的影响;$\gamma_2^{(i)}\sum_{j=1}^{N_2(t)}\omega_{ij}$ 反映了非致命性冲击造成的累积冲击损伤对退化速率的影响;参数 $\gamma_1^{(i)}$、$\gamma_2^{(i)}$ 分别描述关联程度。

1.3.3.2 退化过程对冲击过程的影响

退化过程对冲击过程的影响最终表现为系统的退化(或老化)影响系统因承受冲击而失效(硬失效)的概率。Ye 等[72]在极限冲击模型的基础上,假设冲击对系统造成致命性破坏的概率 $p(t)$ 取决于系统的剩余资源(remaining resource):系统具有等量于系统自然退化阈值的初始资源,剩余资源随系统自然退化量的增加而减小。假设 $y = H(t;\boldsymbol{\theta})$ 表示到 t 时刻为止系统消耗的资源(可近似地理解为到 t 时刻为止的系统累积退化量),其中 $\boldsymbol{\theta}$ 是资源函数的参数向量。若仅考虑自然退化时系统的寿命为 T,则 t 时刻到达的冲击造成系统故障的条件概率为

$$p(t|T) = \exp\{\alpha[H(t;\boldsymbol{\theta}) - H(T;\boldsymbol{\theta})]\} \quad (1.27)$$

式中:α 为常参数。

假设冲击过程服从参数为 $\lambda(t)$ 的非齐次泊松过程,则系统承受极限冲击过程而不失效的概率为

$$R(t) = \exp\left[-\int_0^t p(u|T)\lambda(u)\mathrm{d}u\right] \quad (1.28)$$

上述模型描述了系统退化程度对硬失效概率的影响,而并未给出冲击破坏力与冲击载荷之间关系的显式表达。Fan 等[73]建立了考虑系统老化程度和冲击载荷的系统硬失效概率模型。假设系统的老化服从指数规律(参数为 δ),老化过程不受随机冲击的影响;冲击过程用复合泊松过程描述,记为 $P(\lambda,x)$,其中 λ 为冲击过程强度,x 为冲击载荷。若系统在零时刻已经存在一定程度的老化(以年龄 a 来表示),则 t 时刻到来的冲击载荷为 x 的冲击导致系统失效的概率 p 为

$$p = 1 - \exp[-\delta(a+t) - x] \quad (1.29)$$

式(1.29)隐含的假设有:冲击到达时,系统发生硬失效的概率取决于冲击载荷和系统老化形成的总损伤,总损伤量越大,硬失效发生的概率越大;从对故障相关性的描述方式来看,系统老化对硬失效的影响在于放大了冲击载荷的幅值。

另一类关于退化过程对冲击过程影响的研究着眼于退化程度对冲击频率的影响。Bagdonavicius 等[74]研究了汽车轮胎突发故障(如胎体分层、胎面刺穿等)的发生率与轮胎磨损量的相关关系。假设轮胎磨损过程服从线性退化模型,记磨损量为 z,突发故障的发生服从强度为 $\lambda(z)$ 的泊松过程,通过分析轮胎磨损数据与突发故障数据,发现冲击过程强度参数 $\lambda(z)$ 和磨损量具有幂函数的相关关系。Huynh 等[75]研究了承受相关退化和致命性冲击的单组件系统的定期监测维修策略,其中系统的退化过程用伽马过程描述,退化量记为 $\{X(t), t \geq 0\}$,冲击过程用非齐次泊松过程描述,并假设冲击过程的强度随退化量的增加而增加,记为 $r(X(t))$。$r(X(t))$ 具有下列分段函数的形式:

$$r(X(t)) = r_1(t)\mathbf{1}_{\{X(t) \leq M_s\}} + r_2(t)\mathbf{1}_{\{X(t) > M_s\}} \quad (1.30)$$

式中：$\mathbf{1}_{\{\cdot\}}$ 为示性函数，若括号内命题为真则函数值取 1，反之取 0；$r_1(t)$、$r_2(t)$ 是两种连续非减失效率函数，且在任意时刻 t，都有 $r_1(t) \leq r_2(t)$；M_s 为一个确定的退化水平，M_s 小于退化失效阈值，但当退化量超过 M_s，硬失效发生率将受系统退化的影响而提升。

1.3.3.3 退化过程与退化过程相关

现代工业产品或系统具有结构复杂和功能多样的特点，因此产品（系统）退化状态通常由两个或多个退化特征变量描述。例如，铷放电灯管的性能退化通常由两个性能指标描述，即铷的消耗量和灯的亮度；又如，照明系统的多个 LED 灯分别被用于不同功能的照明，因而系统存在多种不同机理的退化过程[76]。对于具有多个退化特征变量的产品（系统），不同特征变量的退化过程之间有时存在概率相关性。

分析相关退化特征变量的一种常用工具是 Copula 函数。Copula 是拉丁语名词，意思是"连接""纽带"。Copula 函数是一类将多变量的联合分布函数与各变量的一维边缘分布函数连接在一起的函数，也称为连接函数[77]。Copula 函数的应用基于 Sklar 定理：令 $H(x,y)$ 表示边缘分布函数 $F(x)$ 和 $G(y)$ 的联合分布函数，则对于定义域内的任意组 (x,y)，存在一个 Copula 函数 C，使得

$$H(x,y) = C(F(x), G(y)) \tag{1.31}$$

关于 Copula 函数定义和应用方法的详细介绍可参考文献[77]。

Sari 等[78]认为由于相同的环境应力和工作应力、老化历程、材料质量等共享因素的存在，同一系统内的多种故障机理之间通常具有相关性，并提出了一种两变量退化模型描述在相同环境中工作的两组 LED 灯的相关退化过程。文献中的两变量退化模型分两步建立：首先，基于采集到的退化数据分别建立两退化变量的边缘分布模型（文献中采用一种考虑样本偏差的广义线性模型）；随后，基于退化变量的边缘分布利用 Copula 函数（Frank Copula 函数或 Gaussian Copula 函数，两种常用的两变量 Copula 函数）获得两退化变量的联合分布。Pan 等[76]研究了退化系统两种特征变量的建模与相关性分析问题，假设系统的两种退化特征变量服从时间尺度变换的维纳过程，特征变量的相关性由 Frank Copula 函数描述。

Wang 和 Pham[71]考虑了 MDCFP 存在两类概率相关关系的情况：一类是退化过程和冲击过程概率相关，另一类是多种退化过程之间概率相关。例如人体的脏器会随着年龄逐渐衰老，同时还会受到外界突发事件或疾病的损伤，如果用退化过程描述人体脏器的衰老过程，用冲击过程描述突发事件或疾病，那么多种退化过程是相关的，冲击过程会对退化过程产生影响。多种相关的退化变量的联合概率分布采用 Gumbel Copula 函数基于各退化变量的边缘分布函数建模，冲击过程与退化过程的相关性建模方法见本章 1.3.3.1 节。

1.3.3.4 冲击过程对硬失效的影响

冲击过程对硬失效的影响通常体现为伴随冲击的到来,系统对冲击的抵御能力降低,即硬失效过程的阈值受冲击的影响而发生改变。Jiang 等[79]研究了随机冲击同时影响软失效过程和硬失效过程的情况,一方面,冲击的到来会导致退化过程中退化量的增加,另一方面,硬失效的阈值会随着到达的冲击数量和冲击载荷大小而改变:当 k 个冲击到达系统时,系统的硬失效阈值降低;当一个载荷大于给定阈值的冲击到来时,系统的硬失效阈值降低。Jiang 等[80]又在文献[79]的基础上,探索了冲击对硬失效阈值的影响的第三种情况:当两个连续冲击的到达时间间隔小于 δ 时,系统硬失效阈值降低。这类 MDCFP 问题的研究背景是微型发动机的两种相关故障机理:旋转齿轮的齿面磨损和齿轮轮毂断裂。冲击的到来一方面会加剧摩擦面的磨损,另一方面会诱发材料内部产生裂纹而降低轮毂材料强度,从而降低轮毂承受后续冲击的能力。

1.4 典型的系统故障行为建模方法:共因失效模型

系统的共因失效现象是指系统内的多个单元由于相同的外部事件或共享根因(shared root cause)而同时失效的现象。对于核电站系统、油气系统、航空和宇航系统等关键基础设施和复杂系统,共因失效现象大大削弱了余度设计的预期效果,是系统安全的重大威胁。本节主要回顾 4 类共因失效模型,即参数模型(parametric models)、基于马尔可夫过程的共因失效模型、基于贝叶斯网络(Bayesian network)的共因失效模型和基于动态故障树(dynamic fault tree)的共因失效模型。

1.4.1 参数模型

参数模型是最早被提出的一类用于共因失效影响下系统可靠性分析的数学模型[81]。参数模型的主要目标是计算同一根因影响下,冗余系统的 m 个单元组中 k 个单元同时故障的概率,作为计算系统可靠度函数的输入。国际核能委员会(Nuclear Energy Agency,NEA)于 1993 年发布的 NEA/CSNI/R(92)18 报告[82]总结了常用的参数模型。本节简要介绍其中应用较广的 5 种模型,即基本参数模型(basic parametric model,BPM)、β 因子模型(Beta factor model,BFM)、α 因子模型(Alpha factor model,AFM)、二项失效率模型(binomial failure rate model,BFR)和共同载荷模型(common load model,CLM)。

1.4.1.1 基本参数模型

基本参数模型由 Fleming 等[83]提出,是最早的参数模型之一。称 m 个可能发生共因失效的相似单元构成一个 m 阶共因失效组(common-cause failure group)。

记 m 阶共因失效组内发生故障的总概率为 Q_t，其中 k 个单元同时故障的概率为 Q_m^k，则有

$$Q_t = \sum_{k=1}^{m} C_{m-1}^{k-1} \cdot Q_m^k \tag{1.32}$$

基本参数模型假设 Q_m^k 仅与同时故障的单元总数 k 有关，而并不区分发生故障的单元个体。因此其估计值为

$$Q_m^k = \frac{n_k}{C_m^k \cdot N_D} \tag{1.33}$$

式中：n_k 为 m 阶共因失效组中 k 个单元同时失效的次数；N_D 为系统需求次数。若以系统运行时间 T 代替式中的 N_D，上式求得的即为失效率 λ_k。

由式(1.33)可以看出，若 $n_k=0$（即未观测到 k 阶失效的情况），$Q_m^k=0$。因此，基本参数模型无法预测未观察到失效事件的失效阶数的失效概率(失效率)。

1.4.1.2 β 因子模型

β 因子模型由 Fleming 等[84]于 1974 年提出。该模型将单元失效事件划分为两类：独立失效（该单元独自失效）和共因失效（共因失效组内所有单元同时失效）。定义参数 β 为单元的共因失效率占总失效率的百分比，即

$$\beta = \frac{\lambda_C}{\lambda_t} = \frac{\lambda_C}{\lambda_I + \lambda_C} \tag{1.34}$$

式中：λ_C 为单元的共因失效率；λ_t 为单元的总失效率；λ_I 为单元的独立失效率。β 因子模型假设当一个共因事件（引发共因失效的事件）发生时，共因失效组的所有单元会同时失效。由此可得 m 阶共因失效组中 k 个单元同时失效的概率为

$$Q_m^k = \begin{cases} (1-\beta)Q_t & (k=1) \\ 0 & (1<k<m) \\ \beta Q_t & (k=m) \end{cases} \tag{1.35}$$

由于 β 因子模型简单易行的特点，该模型曾被广泛地应用于冗余系统的概率风险评估和可靠性预计。但在实际中，外部共因事件的发生可能造成共因失效组中任意个数单元的同时失效，而 β 因子模型仅能处理共因失效组内单个或所有单元同时失效的情况。此外，β 因子模型假设单元的独立失效率和共因失效率为常数，不能描述退化系统或考虑环境和工作变化的动态系统的故障行为。

1.4.1.3 α 因子模型

α 因子模型由 Moslen 和 Siu[85]于 1987 年提出。该模型定义参数 α_k 为：k 个单元因为共因事件而同时失效的概率与总失效概率之比。对于一个 m 阶共因失效组，有

$$\alpha_k = C_m^k \frac{Q_m^k}{Q_S}, \quad \sum_{k=1}^{m} \alpha_k = 1 \tag{1.36}$$

式中：Q_m^k 为共因失效组内 k 个单元同时失效的概率；Q_S 为系统的总失效概率：

$$Q_S = \sum_{k=1}^{m} C_m^k \cdot Q_m^k \tag{1.37}$$

通常情况下，系统的失效概率 Q_S 难以确知，但往往可以根据单元失效数据确定某单元的总失效概率 Q_t，且有 $Q_t = \sum_{k=1}^{m} C_{m-1}^{k-1} Q_m^k$。故有

$$Q_m^k = \frac{m\alpha_k}{C_m^k \cdot \alpha_t} Q_t \tag{1.38}$$

式中：$\alpha_t = \sum_{k=1}^{m} k\alpha_k$。参数 α_k 的极大似然估计为

$$\hat{\alpha}_k = n_k \Big/ \Big(\sum_{k=1}^{m} n_k\Big) \quad (k = 1, 2, \cdots, m) \tag{1.39}$$

α 因子模型考虑了共因失效组内各阶共因失效(任意个数的单元同时失效)的情况，弥补了 β 因子模型在这一点上的不足。但在实际中，共因失效事件的统计数据(尤其是高阶共因失效数据)极为稀少，且提供共因失效数据的系统与被分析系统往往存在一定的差异，这使得 α 因子模型同样存在较大的估计误差。此外，α 因子模型假设共因失效组内各阶共因失效率为常数，不能描述退化系统或考虑环境和工作变化的动态系统的故障行为。

1.4.1.4 二项失效率模型

二项失效率模型由 Vesely[86] 于 1977 年提出。该模型考虑了两种类型的失效：一种是在正常环境载荷下的单元独立失效，另一种是由冲击引起的失效。在此基础上，Atwood[87] 将冲击进一步划分为致命性冲击和非致命性冲击。二项失效率模型假设：当非致命性冲击出现时，共因失效组内各个单元的失效是相互条件独立的事件，单元失效的条件概率记为 p，则 m 阶共因失效组的失效单元数服从二项分布 $B(m,p)$；当致命性冲击出现时，共因失效组内全部单元都以数值为 1 的条件概率失效。因此，m 阶共因失效组中 k 个单元同时失效的失效率为

$$\lambda_k = \begin{cases} \lambda_{in} + vp(1-p)^{m-1} & (k=1) \\ vp^k(1-p)^{m-k} & (1<k<m) \\ vp^m + \omega & (k=m) \end{cases} \tag{1.40}$$

式中：λ_{in} 为单元的独立失效率；v 为非致命性冲击的发生率；p 为非致命性冲击发生时单元的条件失效概率；ω 为致命性冲击的发生率。

二项失效率模型认为冲击是导致共因失效的根因，同时考虑了根因作用下不

同单元失效的随机性。然而,二项失效率模型假设冲击发生概率、单元独立失效率和单元失效条件概率为常数,因此无法处理单元性能退化、冲击发生率随时间变化的情况。

1.4.1.5 共同载荷模型

共同载荷模型由 Mankamo[88]于1977年提出,该模型的理论基础是应力-强度干涉理论(stress-strength interference theory)。该模型假设 m 个单元的强度为独立同分布的随机变量 $R_1, R_2, \cdots, R_m$,其概率密度函数为 $f_R(r)$;当一个概率密度函数为 $f_S(s)$ 的应力 S(相当于二项失效率模型中的冲击)作用于系统时,其中恰有 k 个单元同时失效的概率可以表示为

$$Q_m^k = \int_0^\infty f_S(s) \left[\int_0^s f_R(r)\,\mathrm{d}r\right]^k \left[\int_s^\infty f_R(r)\,\mathrm{d}r\right]^{m-k} \mathrm{d}s \tag{1.41}$$

不同于基本参数模型、β 因子模型、α 因子模型等经验模型和初步探讨了共因失效发生原因的二项失效率模型,共同载荷模型试图从故障物理的角度解析共因失效现象。如式(1.41)所示,共同载荷模型对 m 阶共因失效组内 k 个单元同时失效的解释是:当一个冲击作用于冗余系统,所有单元承受相同大小的应力,恰有 k 个单元的强度小于该应力而其余单元的强度均大于该应力的状态。在此基础上,一次冲击"破坏"单元数量的不确定性,是由冲击载荷的随机性与单元强度的随机性共同决定的。

此外,共同载荷模型强调系统的失效概率不仅取决于系统的自身属性,还与其所处"环境"紧密相关。这里的"环境"是一个广义的概念,它包含系统的安装情况、工作历史、维修程序等与系统失效相关的外界影响因素。基于环境对系统故障概率的影响,Hughes[89]指出:由于"环境"的随机性,系统失效概率是一个随机变量;而人们所观测到的系统失效概率,实际上是系统基于其所处"环境"的条件失效概率。

基于 Hughes 的思想,李翠玲等[90-91]将共同载荷模型转化为一种基于零件条件失效概率分布的系统共因失效模型。记零件失效概率为 X,零件的强度分布为 $f_R(\cdot)$,则

$$X = P(R < s) = \int_0^s f_R(r)\,\mathrm{d}r = F_R(s) \tag{1.42}$$

由式(1.42),X 可以看作是关于应力 S 的条件失效概率,由于应力 S 是一个随机变量,零件的条件失效概率 X 也是一个随机变量。将零件条件失效概率引入共同载荷模型,最终将式(1.41)转化为

$$Q_m^k = \int_0^1 x^k (1-x)^{m-k} f_X(x)\,\mathrm{d}x \tag{1.43}$$

式中:$f_X(\cdot)$ 为 X 的概率密度函数。

求解式(1.43)的基础是获取零件条件失效概率的概率分布。对此,李翠玲等假设应力和零件强度服从正态分布,通过蒙特卡罗仿真生成零件条件失效概率 X 的大量样本,得出 X 近似服从 β 分布,并通过 BP(back propagation)神经网络估计 β 分布参数,为基于式(1.43)的系统共因失效概率求解提供了一条解决途径。

由共同载荷基本模型式(1.41)和转化模型式(1.43)可以看出,采用共同载荷模型计算系统共因失效概率,是以应力分布和单元强度分布为基础的。在工程实践中,获取应力(强度)的连续分布函数通常需要对其分布形式做出假设。在数据量有限的情况下,拟合连续分布的做法往往会丢失一部分数据信息。出于这一考虑,谢里阳等[92]基于式(1.41)的共同载荷基本模型,对应力分布做离散化处理,将式(1.41)转化为一种离散化的共因失效模型,以求最大限度地利用失效数据信息,并稳健地估计系统共因失效概率。

共同载荷模型依据应力—强度干涉理论给出了共因失效组内各阶共因失效的概率计算式,将冲击视为引发共因失效的根因;但现有的共同载荷模型并未考虑单元强度分布和应力分布随时间变化的情况,因此无法处理外界应力随时间变化、单元强度退化情况下的共因失效分析问题。

1.4.2 基于马尔可夫过程的共因失效模型

1.3 节提到,马尔可夫过程是一种具有离散状态空间和连续时间空间的随机过程。假设 $\{X(t), t \geq 0\}$ 是表示系统在 t 时刻状态的马尔可夫过程,其状态空间记为 S,对于任意 $s_k \in S, 0 \leq t_0 < t_1 < \cdots < t_n < t_{n+1}, 0 \leq k \leq n+1$,若 $P\{X(t_0) = s_0, X(t_1) = s_1, \cdots, X(t_n) = s_n\} > 0$,则有

$$P\{X(t_{n+1}) = s_{n+1} | X(t_0) = s_0, X(t_1) = s_1, \cdots, X(t_n) = s_n\} = P\{X(t_{n+1}) = s_{n+1} | X(t_n) = s_n\}$$
(1.44)

系统的共因失效过程同样可以用马尔可夫过程来描述。对于一个由 n 个相似单元构成的冗余系统,假设系统状态 $\{X(t), t \geq 0\}$ 是一个马尔可夫过程,状态空间 $S \in \{s_1, s_2, \cdots, s_n\}$。系统的故障行为可用图 1.2 所示的状态转移图描述。

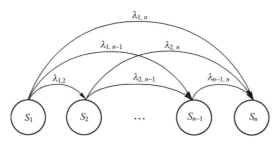

图 1.2　共因失效马尔可夫模型状态转移图

如图1.2所示，s_1是系统完好状态，s_2至s_{n-1}是系统中有单元失效后的中间状态，s_n是系统失效状态；系统从状态s_i转移到状态s_j的转移率用λ_{ij}来表示。记$p_i(t)(i=1,2,\cdots,n)$为t时刻系统处于状态s_i的概率，上述马尔可夫模型对应的微分方程为

$$\begin{cases} \dfrac{\mathrm{d}p_1(t)}{\mathrm{d}t} = -p_1(t)\sum_{j=2}^{n}\lambda_{i,j} \\ \dfrac{\mathrm{d}p_i(t)}{\mathrm{d}t} = \sum_{j=1}^{i-1}p_j(t)\lambda_{j,i} - \sum_{j=i+1}^{n}p_i(t)\lambda_{i,j} \quad (1<i<n,t\geqslant 0) \\ \dfrac{\mathrm{d}p_n(t)}{\mathrm{d}t} = \sum_{j=1}^{n-1}p_j(t)\lambda_{j,n} \end{cases} \quad (1.45)$$

该模型的初始条件为

$$\begin{cases} p_1(0) = 1 \\ p_i(0) = 0 \quad (i=2,\cdots,n) \end{cases} \quad (1.46)$$

求解式(1.45)和式(1.46)即可得到系统处在状态s_n的概率$p_n(t)$，即冗余系统在t时刻的失效概率。

基于上述思想，Chebila和Innal[93]提出了融合5种共因失效参数模型(包括β因子模型、多希腊字母模型、α因子模型、多β因子模型和二项失效率模型)的马尔可夫模型框架，如图1.3所示。图1.3中，系统包含m个组件，系统的状态空间根据系统内组件失效个数由从"系统完好""1个组件失效"…"m个组件均失效"共$m+1$个状态组成。系统状态转移率可借助各类参数模型计算得到，以系统从0状态到k状态的转移率$C_m^k Q_m^k$为例，C_m^k是组合数，Q_m^k表示m个组件中k个组件同时失效的概率，可由上述5种参数模型计算得到。

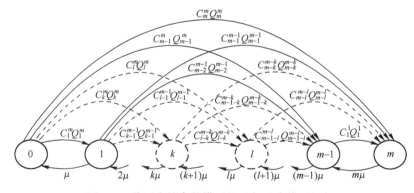

图1.3 共因失效参数模型的马尔可夫模型框架

上述基于马尔可夫过程的共因失效模型根据失效组件的数目定义马尔可夫过

程的离散状态,其状态转移率基于参数模型计算得到。因此,马尔可夫模型同样具有参数模型存在的问题:由共因失效事件样本量小、所分析系统与故障数据的来源系统间差异造成的参数估计不准问题;由于恒定失效率假设而不能描述退化系统或考虑环境和工作变化的动态系统的故障行为。

1.4.3 基于贝叶斯网络的共因失效模型

贝叶斯网络又称贝叶斯信念网络,是一种对事件之间概率关系的有向图解描述[94]。贝叶斯网络由一组表示系统状态变量的结点和代表系统状态变量间相关性或影响的有向弧组成。指向结点 X 的所有结点成为结点 X 的父结点,结点 X 与其父结点间的概率相关性由结点 X 对应的条件概率表给出[95]。

假设不可修系统含有 n 个相似单元,各单元的寿命独立同分布,具有完好和失效两种状态,各阶共因失效率函数分别为 $\lambda_1(t),\lambda_2(t),\cdots,\lambda_n(t)$。利用贝叶斯网络模型分析共因失效影响下系统可靠度的一般思想[96]:

- 将单元分解为彼此串联的一阶失效子单元和多阶失效子单元,其中 k 阶失效子单元的故障率为 $\lambda_k(t)(k=1,2,\cdots,n)$;
- k 阶失效子单元的状态变量称为 k 阶失效因子,在贝叶斯网络模型中以结点表示;
- 根据系统内各单元的逻辑关系,定义结点及其条件概率表,建立系统的贝叶斯网络模型。

基于上述思想,尹晓伟[96]建立了考虑共因失效的典型串联系统、并联系统、表决系统和网络系统的贝叶斯网络模型。下面以两单元并联系统为例,简单介绍共因失效系统的贝叶斯网络模型。

假设两单元并联共因失效系统的单元独立失效率为 $\lambda_1(t)$,二阶共因失效率为 $\lambda_2(t)$,系统的贝叶斯网络模型如图 1.4 所示。

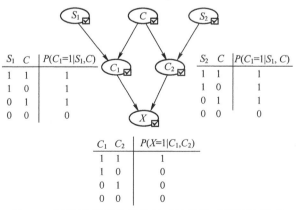

图 1.4 两单元并联共因失效系统的贝叶斯网络模型

图 1.4 中,结点 S_1、S_2 分别为单元 1 和单元 2 的一阶失效因子,结点 C 表示两单元的二阶失效因子;结点 C_1 表示一阶失效因子 S_1 与二阶失效因子 C 串联后的单元 1 的状态,结点 C_2 同理;结点 X 表示结点 C_1 和结点 C_2 并联后的系统状态。状态变量值取 1 表示相应的子单元、单元或系统失效,取 0 表示正常。条件概率 $P(C_1=1|S_1,C)$,$P(C_2=1|S_2,C)$ 和 $P(X=1|C_1,C_2)$ 分别表示考虑共因失效的单元 1、单元 2 和系统的条件失效概率,故系统失效概率为

$$
\begin{aligned}
&P(X=1)\\
&=\sum_{C_1,C_2}P(X=1|C_1,C_2)P(C_1,C_2)\\
&=\sum_{C_1,C_2}\left\{P(X=1|C_1,C_2)\sum_{S_1,C}[P(C_1|S_1,C)P(S_1)P(C)]\sum_{S_2,C}[P(C_2|S_2,C)P(S_2)P(C)]\right\}
\end{aligned}
$$

(1.47)

且有

$$
\begin{aligned}
P(S_1=0)&=P(S_2=0)=\exp\left(-\int_0^t\lambda_1(u)\mathrm{d}u\right)\\
P(C=0)&=\exp\left(-\int_0^t\lambda_2(u)\mathrm{d}u\right)
\end{aligned}
$$

(1.48)

在上述贝叶斯网络模型的基础上,O'Connor 和 Mosleh[97]引入原因概率、脆弱性和耦合强度的概念,并提出了能够描述共因失效系统个体特性和组件非对称性(共因失效组内单元各项特性不完全相同)的通用相关模型(general dependency model)。其中,原因概率指的是共因失效根因事件的发生概率,它与系统的质量保证、过程成熟度、人的行为等影响因素有关,相当于二项失效率模型中的冲击概率;脆弱性描述了在根因事件发生的条件下组件失效的条件概率,它与组件的设计、材料和耐久性有关;耦合强度描述了根因影响多个组件的可能性,它与组件间的关联程度、系统抵御共因失效的设计有关。

相比于传统参数模型,基于贝叶斯网络的共因失效模型在描述系统个体特性(包括系统在共因失效防护方面采取的设计)、组件非对称性和复杂逻辑结构系统(串联系统、并联系统、表决系统、网络系统等)等方面具有更大的优势。然而,建立更多细节描述的代价是需要更多的数据和信息支持。基于贝叶斯网络的共因失效模型的计算需要系统的各阶共因失效率(部分模型可能需要更多的数据和信息),由于共因失效数据(尤其是高阶共因失效数据)样本量少,这一需求在实际中很难满足。此外,基于贝叶斯网络的共因失效模型同样无法描述组件性能退化的情况。

1.4.4 基于动态故障树的共因失效模型

动态故障树[98-99]的提出,是为了弥补常规故障树不能对系统中的顺序相关性进行建模的不足。该方法通过在常规故障树的基础上引入一系列动态逻辑门,来描述系统的时序规则和动态故障行为。主要包括优先与门(priority-and gate)、功能相关门(functional dependency gate)、顺序相关门(sequence enforcing gate)和备件门(spare,SP)4种典型的动态逻辑门。

基于动态故障树方法[100-102],Xing等[103-104]提出了基于动态故障树的共因失效分析方法。该方法的主要思想是在常规故障树上引入一个类似于功能相关门的动态逻辑门:共因失效门(common-cause failure gate),见图1.5。

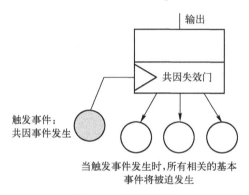

图1.5 共因失效门

如图1.5所示,共因失效门有一个触发事件(trigger event)输入、若干相关基本事件(dependent basic events)输入和一个反映触发事件和相关基本事件状态的非相关输出。这里的触发事件代表共因事件(单元故障的共同根因),基本事件代表系统内一个单元的故障事件。当触发事件发生时,所有的相关基本事件都将被迫发生;而任意相关基本事件的单独发生,则不会对触发事件产生任何影响。在原有常规故障树的基础上,将共因失效门的输出直接作为引发顶事件(即系统失效)的"或门"输入,从而构成考虑共因失效的动态故障树。

在此基础上,Wang等[105]考虑了在同一共因事件作用下,共因失效组内各元件发生故障的条件概率不相同的情况,将共因失效门改进为概率共因失效门;并在文献[106]中,将该模型推广到多阶段任务系统的情况。

动态故障树模型的求解方法有:将动态故障树转化为马尔可夫模型求解,或采用高效分解聚合法(efficient decomposition and aggregation approach,EDA)求解。

1. 将动态故障树转化为马尔可夫模型

对于单元失效事件为指数分布的动态故障树系统,可将其转化为马尔可夫模型进行求解[98,107]。该方法的基本思路是:将共因失效门输入事件的状态组合作为马尔可夫模型的基本状态,同时将马尔可夫模型的转移概率设置为触发事件的发生概率,从而将共因失效门转换为马尔可夫模型。

如图 1.6 所示,以二阶共因失效组为例,由共因事件 T 触发的共因失效组包含两个单元,记为单元 A 和单元 B。假设单元 A 和单元 B 的独立失效率分别为 λ_A 和 λ_B,触发事件 T 的发生率为 λ_T。转化得到的马尔可夫模型共有 4 个状态:"000" 为两个单元均正常,触发事件未发生的系统状态;"001" 为单元 A 正常,单元 B 故障,触发事件未发生的系统状态;"010" 为单元 A 故障,单元 B 正常,触发事件未发生的系统状态;"Fail" 为系统失效状态。将共因失效门转化为马尔可夫模型之后,即可按照马尔可夫模型的求解方法求解系统可靠度。

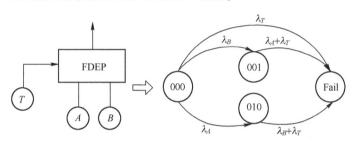

图 1.6　共因失效门转化为马尔可夫模型

将动态故障树转化为马尔可夫模型求解的弊端在于,用它处理大型故障树得到的马尔可夫模型存在"指数爆炸"的问题,因而求解过程的时间成本较大。

2. 高效分解聚合法

高效分解聚合法由邢留冬教授等[105]提出,它适用于求解系统受到多个共因失效事件影响的情况。高效分解聚合法的求解思想是分解共因事件空间。假设系统受到 m 个共因(common cause,CC)的影响。这 m 个共因将事件空间划分为 2^m 个不相交的子集,每个子集称为一个共因事件(common cause event,CCE):

$$
\begin{aligned}
CCE_1 &= \overline{CC_1} \cap \overline{CC_2} \cap \cdots \cap \overline{CC_m} \\
CCE_2 &= CC_1 \cap \overline{CC_2} \cap \cdots \cap \overline{CC_m} \\
&\cdots \\
CCE_{2^m} &= CC_1 \cap CC_2 \cap \cdots \cap CC_m
\end{aligned}
\tag{1.49}
$$

定义事件空间为 Ω_{CCE},$\Omega_{CCE} = \{CCE_1, CCE_2, \cdots, CCE_{2^m}\}$。记事件 CCE_j 发生的概率为 $\Pr(CCE_j)$,则 $\sum_{j=1}^{2^m} \Pr(CCE_j) = 1$,且对于 $i \neq j$,$CCE_i \cap CCE_j = \phi$。定义事件 CCE_i 影响的共因失效组为 S_{CCE_i}。记事件"系统失效"为 F_S,由式(1.49),根据全概率公式,系统的不可靠度可表示为

$$U_{\text{sys}} = \sum_{i=1}^{2m} [\Pr(F_S|\text{CCE}_i) \cdot \Pr(\text{CCE}_i)]$$

$$= \sum_{i=1}^{2m} [U_i \cdot \Pr(\text{CCE}_i)] \tag{1.50}$$

式中:U_i 为共因事件 CCE_i 发生的条件下系统失效的条件概率。计算 U_i 时,所有属于共因失效组 S_{CCE_i} 的单元状态都记为失效。因此,实际上在计算 U_i 时,动态故障树已经被简化为常规故障树,无需再考虑共因失效的影响[103]。得到式(1.50)中所有 U_i 之后,结合共因事件 CCE_i 的概率 $\Pr(\text{CCE}_i)$,即可得到系统在共因失效影响下的不可靠度。

高效分解聚合法的优势是它可以处理多共因分别作用在系统内不同单元的情况,且各个共因可以是彼此概率相关的;它的计算性能比马尔可夫模型相对较好[98]。在此基础上,邢留冬教授将该方法的应用范围扩展到共因失效事件同时作用于分层系统各层组件的情况[104];并讨论了基于高效分解聚合法的考虑备件相关、功能相关、优先顺序相关和由多任务引发的相关 4 种典型动态故障行为的系统可靠度计算方法[108]。

基于动态故障树的共因失效模型在处理共因事件发生概率和组件失效概率时,同样假设这些事件的发生率不随时间变化,因而无法处理组件存在性能退化情况下的共因失效分析问题。

1.5 本书内容与结构

本书主要介绍针对相关故障行为的建模与分析这一问题,以及作者及作者团队近年来的主要研究成果。具体来说,本书内容可以概括为两大部分。第一部分主要讨论如何从故障机理与故障机理模型出发,自底向上地构建相关故障行为模型(第二章);第二部分主要讨论一类相关故障行为的通用模型:基于随机混合自动机的模型,并基于这一模型具体讨论相关故障行为的统一建模、高效分析以及动态评价 3 个问题(第三~第五章)。本书的组织架构如下:

第二章主要介绍基于故障机理的相关故障行为建模方法。在这一章中,首先对常见的故障机理与故障机理模型进行回顾。在此基础上,进一步讨论故障机理之间常见的 3 种相关关系,并给出一种基于机理关系图的单元故障行为建模方法。还进一步讨论功能相关性作用下系统的相关故障行为的建模与分析问题。

从第三章开始,引入一种相关故障行为的通用建模方法:基于随机混合自动机的相关故障行为建模与分析方法。该方法将影响单元或系统相关故障行为的过程抽象为离散过程与连续过程,将相关故障行为抽象为 4 类:离散过程对连续过程的影响、离散过程对离散过程的影响、连续过程对离散过程的影响以及连续过程对连续过程的影响,并分别讨论故障行为的建模方法。针对基于随机混合自动机的相关故障行为的可靠性分析问题,本书给出一种基于蒙特卡罗仿真的分析方法。

第四章主要讨论随机混合自动机相关故障模型的高效分析问题。本章基于随机混合系统理论,构建相关故障行为随机混合系统模型的半解析建模与分析方法。这一方法通过推导并求解常微分方程组,得到状态变量的各阶条件矩;然后,可以通过一次二阶矩法以及马尔可夫不等式分别进行可靠度的点估计和单侧置信下限估计。本章将这一高效分析方法分别在单元和系统层的案例上进行了应用,验证了该方法的精度与计算效率。

第五章主要讨论随机混合自动机相关故障模型的动态可靠性评价与剩余寿命预测问题。针对这一问题,给出一种基于序贯贝叶斯更新的动态可靠性评价与剩余寿命评价方法。通过一个数值算例验证了所提出方法的正确性。除此之外,还通过某铣刀相关竞争故障过程的真实案例,验证了所提出方法的有效性。

第六章对全书的研究成果进行了简要的总结,并对未来围绕相关故障行为的研究做出了展望。

第二章

基于故障机理的相关故障行为建模与分析

故障机理,是指引起故障的物理的、化学的、生物的或其他的过程[109]。从故障机理出发,可以自底向上地对产品故障行为进行逐层刻画。本章从故障机理出发,研究如何刻画相关性影响下的产品故障行为。2.1 节首先对常见的故障机理、故障机理模型以及基于故障机理的建模方法进行回顾;在此基础上,2.2 节讨论如何基于故障机理模型对存在相关性的单元故障行为进行建模和分析;2.3 节继续讨论如何基于故障机理模型对系统层次的相关故障行为开展建模与分析。

2.1 常见的故障机理与故障机理模型

按照 Pecht 与 Dasgupta 的分类,常见的故障机理可以分为过应力型与耗损型两类[110]。本节分别回顾常见的过应力型与耗损型故障机理,以及基于故障机理模型的故障行为建模方法。

2.1.1 常见的过应力型故障机理

过应力型故障机理是指由于应力超过强度所引起的故障机理[110]。常见的过应力型故障机理包括弹性变形、塑性变形、脆性断裂、延性断裂等。

弹性变形是一类由于材料在应力作用下发生弹性变形导致的故障机理。材料在应力的作用下会产生变形。应力可能由于机械载荷引起,也可能由于温度载荷引起。一般而言,材料的变形可以分为弹性变形与塑性变形两类[111-113]。弹性变形是材料原子间距在外力作用下发生微小变化的宏观表现形式。在外力去除后,弹性变形能够恢复。复杂应力状态作用下的各向同性材料,其弹性变形行为可以用广义胡克定律描述,如表 2.1 中编号 1 所列[111-112]。当材料的变形量(应力)超过允许的最大变形量(强度)时,可能发生干涉,进而引起故障。

弹性变形引起的故障在发动机叶片中比较常见。发动机叶片在高速旋转中,由于受到离心力作用,发生轴向弹性变形,如果弹性变形过大,可能造成叶片尖端与机匣发生干涉,从而导致故障的发生。发动机叶片的弹性变形的另一种来源是由于工作温度引起的热膨胀效应。

塑性变形是另一种由于变形导致的故障机理。如果材料承受的外部载荷进一步增加,组成材料的原子会移动至新的平衡位置,导致的宏观变形,在应力去除后将无法恢复,称为塑性变形或者屈服[111,113]。过大的塑性变形也可能通过干涉导致故障。除此之外,材料的塑性变形往往伴随着内部空穴缺陷的产生与发展,发生塑性变形的材料往往容易断裂。塑性变形的应力-应变关系不再符合广义胡克定律,而应该通过塑性力学计算确定。但是,由于塑性变形状态的材料往往很容易发生断裂,因此,更多考虑的是材料的断裂问题。

脆性断裂是导致脆性材料断裂的一类故障机理。脆性材料断裂前材料无明显的塑性变形,仍处于弹性变形区;从裂纹出现到材料断裂的过程非常迅速,断面呈颗粒、多面状[111,114]。研究脆性断裂的主要方法是通过对材料进行单轴应力状态下的力学试验,从试验数据中总结出能够预测材料断裂行为的理论(强度理论)。对于大部分材料,脆性断裂可以用最大正应力理论很好地描述,如表2.1中编号2所列。

延性断裂是导致延性材料断裂的一类故障机理。延性断裂主要是由于材料内部空穴缺陷的形成与扩展导致,断裂前材料发生显著的塑性变形。材料的断面较钝,呈纤维状。研究延性断裂的一种方法与研究脆性断裂类似,也是通过对材料进行单轴应力状态下的力学试验,从试验数据中总结出能够预测材料断裂行为的理论(强度理论)。延性断裂主要用应变能理论、最大剪应力理论[111,115]描述,如表2.1中编号3、4所列。

对于断裂问题,还可以通过断裂力学的方法进行研究:在材料中预先制造一定长度的裂纹,研究裂纹扩展速率与施加应力的关系,如表2.1中编号5所列。

2.1.2 常见的耗损型故障机理

耗损型故障机理导致产品性能随时间逐渐退化,进而导致故障发生[110]。常见的耗损型故障机理包括疲劳、蠕变、应力松弛、磨损、腐蚀、电迁移、电介质经时击穿(TDDB)、热载流子注入(HCI)、负偏压温度不稳定(NBTI)等。

疲劳是循环载荷作用下诱发的一种故障机理。周期性作用的载荷产生裂纹,并且使裂纹不断地发展,最终导致材料断裂的发生[116-117]。常见的预测疲劳寿命的模型有:①应力疲劳模型(basquin 公式);②应变疲劳模型(coffin - manson 模型);③裂纹扩展模型(paris 模型),分别如表2.1中编号6~9所列。

蠕变是材料在高温和机械应力作用下,塑性变形逐渐增加的过程[118]。蠕变是由于材料的微观变形引起的。典型的蠕变过程包括初始蠕变、稳定蠕变以及加速蠕变3个阶段,在初始蠕变阶段,蠕变速率较高,直至进入稳定蠕变阶段;稳定蠕变阶段的蠕变速率保持稳定,相对于初始蠕变阶段较小;进入加速蠕变阶段后,蠕变速率显著增大,直至蠕变断裂发生[118]。蠕变引起的故障主要包括过大的蠕变变形超过设计允许的范围以及蠕变引起的断裂[119]。对蠕变寿命的描述,目前主要采取的仍是通过蠕变试验,拟合经验模型的方法。其中,效果较好的模型包括 Larson-Miller 模型,如表2.1中编号10所列。

应力松弛是指在固定的温度和形变下,材料内部的应力随时间增加而逐渐衰减的现象,应力松弛与蠕变属于同一个问题的两个方面,典型的应力松弛过程常见于聚合物材料,如橡胶等[120-121]。这种现象也在日常生活中能够观察到,例如橡胶松紧带开始使用时感觉比较紧,用过一段时间后越来越松。描述橡胶应力松弛常用的模型包括 Maxawell 模型、Tobolsky、P-t-T 三元模型等,分别如表2.1中编号11~13所列。

磨损是由于相互运动的表面之间发生物理或化学相互作用引起的表面材料移除[122]。这种改变进一步导致产品功能受到影响,引起故障[111]。磨损现象相对较为复杂,常见的磨损机理包括黏着磨损、磨粒磨损、表面疲劳磨损、腐蚀磨损、热磨损以及微动磨损等[122-125]。其中,被广泛接受的机理模型仅限于描述黏着磨损的 Archard 模型与描述磨粒磨损的模型,分别如表2.1中编号14、15所列。

腐蚀是材料在腐蚀性环境作用下,由于发生化学反应或者电化学反应发生材料损失或表面形貌的改变,进而导致产品功能受到影响引起的故障[126]。按照引起腐蚀的原因,腐蚀可以分为由化学反应引起的腐蚀和由电化学反应引起的腐蚀两类[109]。由化学反应引起的腐蚀是由于材料表面与直接接触的介质发生化学反应,造成表面材料损失或表面形貌改变导致的。由电化学反应引起的腐蚀是由于活泼程度不同的材料,被电解质溶液连接,形成导电回路并发生电化学反应,对阳极造成材料损失导致的。常用的预测腐蚀寿命的模型包括以下4类:①倒数指数模型(reciprocal exponential)[127];②幂律模型(Peck 模型)(power law)[128];③指数模型(exponential)[129-130];④湿度平方模型(Lawson 模型)[131]。分别如表2.1中编号16~19所列。

电迁移是电流密度较大,工作温度较高的电路互联结构常见的一类故障机理[132-133]。一般认为,电迁移是由于定向移动的电子与能量较高的金属离子之间的动量交换过程引起的。电迁移通常用 Black 模型描述,如表2.1中编号20所列。

TDDB 是集成电路中常见的一种故障模式。在场强、温度等应力的综合作用下,绝缘栅氧化物中逐渐形成导电通路,最终将导致阴极、阳极之间的短路。关于引起 TDDB 的机理,存在两种被广泛接受的假说,因此,也存在着两种预测 TDDB 故障时间的模型,分别为电场驱动的 E-模型和隧穿电流驱动的 1/E-模型,分别如表2.1中编号21、22所列。

热载流子效应(HCI)是一种常见的导致 MOSFET 发生参数退化的故障机理[134-136]。一般认为,HCI 是由于高能载流子进入氧化层,造成氧化层缺陷所引起的。当器件进入饱和区,或者工作应力大大加强时,载流子在沟道中被加速所获得的能量大大增加,形成了高能载流子。在临近器件漏极的垂直电场分量的作用下,高能载流子注入 Si-SiO$_2$ 的分界面或栅氧化层,造成界面态或者氧化层缺陷,进而引起器件阈值电压、翻转频率等参数的退化[109]。HCI 通常用如表 2.1 中编号 23 所列的模型描述。

负偏压温度不稳定(NBTI)是 PMOSFET 器件所特有的一种故障机理。NBTI 是由于 PMOSFET 器件 Si-SiO$_2$ 界面处的 Si-H 键受到器件工作的影响发生断裂而引起的,导致的故障模式是器件参数的退化[109]。由于对 Si-H 键造成的破坏作用在器件工作在负偏压状态下时才比较显著,因此,工作状态为正偏压的 NMOSFET 器件的 NBTI 效应并不显著。NBTI 可以用表 2.1 中编号 24 所列的模型描述。

表 2.1 常见的故障机理模型

编号	机理类型	模型名称	模型形式	模型参数		
				参数含义	性能参数	故障判据
1	弹性变形	广义胡克定律	$\Delta l_x \geqslant l_{th,x}, \Delta l_y \geqslant l_{th,y},$ $\Delta l_z \geqslant l_{th,z}$ $\Delta l_x = l_x \cdot \varepsilon_x, \Delta l_y = l_y \cdot \varepsilon_y,$ $\Delta l_z = l_z \cdot q_z$ $\varepsilon_x = \frac{1}{E}[\sigma_x - v(\sigma_y + \sigma_z)]$ $\varepsilon_y = \frac{1}{E}[\sigma_y - v(\sigma_x + \sigma_z)]$ $\varepsilon_z = \frac{1}{E}[\sigma_z - v(\sigma_x + \sigma_y)]$	σ_x、σ_y、σ_z 分别为 3 个主应力;ε_x、ε_y、ε_z 分别为对应主应力方向上的主应变;E,v 分别为材料的弹性模量和泊松比[111-113]	各个方向上的变形量 Δl_x、Δl_y、Δl_z	各个方向上允许的变形量 $l_{th,x}$、$l_{th,y}$、$l_{th,z}$
2	脆性断裂	最大正应力模型	$\sigma_1 \geqslant \sigma_t$ 或 $\sigma_3 \geqslant \sigma_c \Rightarrow s=1$	其中,σ_1 和 σ_3 分别为第一与第三主应力;σ_t、σ_c 分别为单轴拉伸、单轴压缩试验中材料发生断裂时的应力[111,114]	主应力 σ_1、σ_2、σ_3	对应的强度极限
3	延性断裂	应变能模型	$[(\sigma_1-\sigma_2)^2+(\sigma_1-\sigma_3)^2+$ $(\sigma_2-\sigma_3)^2] \geqslant 2\sigma_f^2$	σ_1、σ_2、σ_3 分别为 3 个主应力;σ_f 为单轴拉伸试验中材料发生断裂时的应力[111,115]	主应力 σ_1、σ_2、σ_3	对应的强度极限
4	延性断裂	最大剪应力模型	$\sigma_1 - \sigma_3 \geqslant \sigma_f$	其中,σ_1 和 σ_3 分别为第一和第三主应力,且,$\sigma_1 > \sigma_2 > \sigma_3$;$\sigma_f$ 是单轴拉伸试验中材料发生断裂时的应力[111,115]	主应力 σ_1、σ_2、σ_3	对应的强度极限

续表

编号	机理类型	模型名称	模型形式	模型参数		
				参数含义	性能参数	故障判据
5	线弹性范围内的断裂	线弹性断裂力学模型	$K_I \geq K_C$, $K_I = C\sigma\sqrt{\pi a}$	K_I 为裂纹尖端的应力集中因子,表征裂纹尖端应力场的强度;σ 为截面平均应力;a 为裂纹尺寸;C 为常数,与载荷类型及几何尺寸有关[137]	裂纹尖端的应力集中因子 K_I	临界应力集中因子 K_C
6	高周疲劳	Basquin 模型	$\dfrac{\Delta\sigma}{2} = \sigma_a = \sigma'_f(2N_f)^b$	σ'_f 为疲劳极限变量,对于大多数金属,其与材料的断裂强度接近;b 为一个与材料疲劳强度有关的常数,又被称作 Basquin 常数,一般取值在 (-0.05~-0.12) 之间;$2N_f$ 为疲劳寿命的一种度量[138]	疲劳裂纹长度	临界疲劳裂纹长度
7	低周疲劳	Coffin-Manson 模型	$\dfrac{\Delta\varepsilon_P}{2} = \varepsilon'_f(2N_f)^C$	$\Delta\varepsilon_P/2$ 为塑性变形的幅度,ε'_f 为疲劳延性系数,取值通常接近材料的断裂延性系数;C 为与材料抵御应变疲劳的能力相关的常数,一般取值为 -0.5~-0.7[139]	疲劳裂纹长度	临界疲劳裂纹长度
8	热疲劳	热疲劳 Coffin-Manson 模型	$TF = A_0(\Delta T)^{-q}$	A_0 为与材料相关的常数;ΔT 为一个温度循环内温度变化幅度;q 为常数[109]	疲劳裂纹长度	临界疲劳裂纹长度
9	疲劳	Paris 模型	$N_f = \dfrac{2}{(m-2)CY^m(\Delta\sigma)^m\pi^{m/2}}$ $\left[\dfrac{1}{(a_0)^{(m-2)/2}} - \dfrac{1}{(a_f)^{(m-2)/2}}\right]$ $(m>2)$ $N_f = \dfrac{1}{CY^2(\Delta\sigma)^2\pi}\ln\dfrac{a_f}{a_0}$ $(m=2)$ (Paris 模型)	N_f 为断裂发生时的疲劳寿命;a_f 为断裂发生时的临界裂纹长度;C 与 m 是与材料相关的常数,需要通过试验估计。通常,对于金属,m 为 2~4;对于陶瓷或者高聚物,m 为 4~100。有些情况下,Y 的取值与应力相关,这样,式中的积分计算需要通过数值的方法进行[140]	疲劳裂纹长度	临界疲劳裂纹长度
10	蠕变	Larson-Miller 模型	$P = (\theta + 460)(C + \lg t)$	P 为 Larson-Miller 常数,对于给定的材料和给定的应力水平,P 为常数;θ 为温度,单位为华氏度;C 为常数,通常假设为 20;t 为故障时间,为发生蠕变断裂或者达到给定的蠕变变形所需要的时间[111,141]	变形量	临界变形量

续表

编号	机理类型	模型名称	模型形式	模型参数 参数含义	模型参数 性能参数	模型参数 故障判据
11	应力松弛	Tobolosky 模型	$\tau = s_1 \cdot e^{(-k_{s_1} \cdot s_1 tkT)} \left(\frac{l}{l_0} - \frac{l_0^2}{l^2}\right)$ $k_{s_1} = \frac{kT}{h} \cdot e^{-E/RT}$	τ 为拉伸应力；s_1 表示承担应力的单位体积内受到 Primary bonds 的分子链个数；k 为玻尔兹曼常数；T 为绝对温度；l/l_0 是拉伸后的长度与拉伸前长度的比值；h 为普朗克常数[142-143]	应力	临界应力
12	应力松弛	Maxwell 模型	$\sigma(t) = \sigma_0 \exp(-t/\tau)$ $\sigma_{th} = \sigma_{th0}$	$\tau = \eta/E$，称为松弛时间，表示形变固定时由于黏流使应力松弛到起始应力的 $1/e$ 时所需要的时间；η、E 分别为材料的弹性模量与牛顿黏度，可以通过试验测定[120-121]	应力	临界应力
13	应力松弛	p-t-T 三元模型	$\begin{cases} \sigma/\sigma_0 = A\exp\{-k_1 t^\alpha\} \\ k_1 = A_1 \exp\{-E/kT\} \end{cases}$, $\sigma_{th} = \sigma_{th0}$	E 为表观激活能；k 为玻尔兹曼常数[144-149]	应力	临界应力
14	黏着磨损	Archard 模型	$W = \frac{KPx}{3H}$, $W_{th} = W_{th0}$	P 为正压力；x 为磨损行程；H 为硬度；K 为无量纲的磨损常数，表示微凸体接触的概率[125]	磨损量	临界磨损量
15	磨粒磨损		$W = \frac{\pi K_{abr} Px}{3H}$, $W_{th} = W_{th0}$	P 为正压力；x 为磨损行程；K_{abr} 为磨粒磨损常数；H 为摩擦副中较软的表面的硬度[122]	磨损量	临界磨损量
16	腐蚀		$TF = C_0 \cdot \exp[b/RH] \cdot f(V) \cdot \exp[E_a/kT]$	RH 为相对湿度；V 为电应力；T 为温度；E_a、k 分别为激活能与玻尔兹曼常数；C_0、b 为常数，通过试验拟合确定；$f(\cdot)$ 为某未知函数，表征电应力对腐蚀的影响，通过试验确定[127]	腐蚀量	临界腐蚀量
17	腐蚀		$TF = A_0 \cdot RH^N \cdot f(V) \cdot \exp[E_a/kT]$	RH 为相对湿度；V 为电应力；T 为温度；E_a、k 分别为激活能与玻尔兹曼常数；A_0、N 为常数，通过试验拟合确定；$f(\cdot)$ 为某未知函数，表征电应力对腐蚀的影响，通过试验确定[128]	腐蚀量	临界腐蚀量

续表

编号	机理类型	模型名称	模型形式	模型参数 参数含义	模型参数 性能参数	模型参数 故障判据
18	腐蚀		$TF=B_0 \cdot \exp[-a \cdot RH] \cdot f(V) \cdot \exp[E_a/kT]$	RH 为相对湿度;V 为电应力;T 为温度;E_a、k 分别为激活能与玻尔兹曼常数;B_0、a 为常数,通过试验拟合确定;$f(\cdot)$ 为某未知函数,表征电应力对腐蚀的影响,通过试验确定[129-130]	腐蚀量	临界腐蚀量
19	腐蚀		$TF=C_0 \cdot RH^2 \cdot f(V) \cdot \exp[E_a/kT]$	RH 为相对湿度;V 为电应力;T 为温度;E_a、k 分别为激活能与玻尔兹曼常数;C_0 为常数,通过试验拟合确定;$f(\cdot)$ 为某未知函数,表征电应力对腐蚀的影响,通过试验确定[131]	腐蚀量	临界腐蚀量
20	电迁移	Black 模型	$MTTF=AJ^{-n}e^{Q/kT}$	A 为与材料相关的常数;J 为电流密度;n 为常数,通过试验确定;k、T 分别为玻尔兹曼常数与绝对温度[109,150-152]	接触电阻	临界接触电阻
21	TDDB	E-模型	$TF=A_0 \cdot \exp[-\gamma E_{ox}] \cdot \exp[E_a/kT]$	A_0 为与材料与工艺相关的常数;γ 为场强常数,通常与温度相关,$\gamma(T)=a/kT$;E_{ox} 为氧化层两端的场强[153]	栅电流	临界栅电流
22	TDDB	1/E 模型	$TF=\tau_o(T) \cdot \exp[G(T)/E_{ox}]$	$\tau_o(T)$、$G(T)$ 均为与材料性能相关的常数,具有弱温度相关性;E_{ox} 为氧化层两端的场强[154-155]	栅电流	临界栅电流
23	HCI		$TF=B(I_{sub})^{-N} \cdot \exp(E_a/kT)$	B 为与器件有关的常数;I_{sub} 为衬底电流峰值;N 为常数,取值范围为 2~4;E_a 为表观激活能,一般取值为 -0.1~-0.2eV[153]	阈值电压等特征参数	特征参数临界值
24	NBTI		$\frac{\Delta V_t}{(V_t)_0}=B_0(E,T)t^m$, $B_0(E,T)=C_0\exp[\gamma_{degradation} \cdot E]\exp\left[-\frac{Q_{degradation}}{K_B T}\right]$ 代入阈值条件,可以得到由 NBTI 效应引起的故障时间为[109] $TF=A_0 \cdot \exp[-\gamma_{NBTI}E] \cdot \exp\left[\frac{Q_{NBTI}}{K_B T}\right]$	t 为时间;m 为常数,通常取值为 $m=0.15$~0.35,最常见的结果为 $m=0.25$;C_0 为常数,与 Si-SiO$_2$ 界面处 Si-H 键的浓度成正比;$\gamma_{degradation}$ 为场强常数;E 为界面处的场强[156-160]	阈值电压等特征参数	特征参数临界值

2.1.3 故障行为建模

利用故障机理模型,可以进一步对系统的故障行为建模。按照作为建模对象的指标的不同,基于故障物理的故障行为建模方法可以分为故障时间建模方法与故障率建模方法两类。

故障时间建模方法以系统故障时间为建模对象,通过故障机理模型,计算单元的故障时间,进而计算系统的故障时间,通过预计系统故障时间描述系统故障行为。典型的故障时间建模方法由 Pecht 等提出[161]。他们假定各个故障机理之间是互相独立的,这样,通过对各个机理单独建立的模型,按照故障时间取短原理,即可以预计多故障机理共同作用下系统的故障时间[161-165]。马里兰大学的 CALCE 中心对这一方法进行了大量的研究与应用,取得了很好的效果[166]。典型的应用包括电路板的故障时间预计、BGA 封装的故障时间预计[167]、恒定系数鉴别器的故障时间预计等[168]。2003 年,IEEE 将这一方法写入了电子产品可靠性预计的标准,从此,故障时间建模方法得到了更加广泛的应用[169-170]。

故障率建模方法则以系统故障率为建模对象,通过故障机理模型,计算单元的故障率,进而计算系统的故障率,通过预计系统故障率描述系统故障行为。IBM 公司提出的 RAMP(reliability aware microprocessor)方法是故障率建模方法的典型代表[171]。RAMP 假设所有单元相互独立且服从指数分布。该方法首先通过故障机理模型计算每一个单元的 MTTF[172],然后,通过对所有单元的 MTTF 的倒数求和,计算系统的故障率。Airbus 应用类似的方法对电子产品的可靠性进行预计[173]。Bernstein 等则将描述故障率的故障机理模型与 SPICE 中建立的电路功能模型结合起来,以更加精确地刻画系统的故障行为[174-175]。

尽管两种方法的建模对象不尽相同,Foucher 等在比较了这两种方法后指出,当所有单元均服从指数分布时,故障率建模方法可以视为是故障时间建模方法的一个特例[173]。

2.1.4 现状总结与问题分析

从 2.1.3 节中可以看出,现有的基于故障物理的故障行为建模方法,无论是故障时间建模法,还是故障率建模法,均假设故障机理之间是独立的[161]。然而,大量的研究结果表明,许多故障机理之间并非独立,而是存在着故障相关性:例如,当腐蚀过程与磨损过程共同存在时,腐蚀能够产生较硬的磨粒,从而加速磨损过程;磨损不断地去除材料表面对腐蚀的保护层,从而加速腐蚀过程。这两个过程的综合作用大大加剧了故障发生的速度[176]。类似的例子还包括,高温循环载荷作用下蠕变与疲劳的交互作用[177-180],高流速、含杂质的流体环境下腐蚀与磨损之间的交互作用等[176,181-184]，PMOSFET 器件 HCI 与 NBTI 的交互作用[185-187]等。

由于故障相关性的存在，机理独立的假设事实上常常是不成立的。因此，有必要系统地研究故障相关性对故障行为的影响，以给出适用于存在故障相关性的系统故障行为建模方法。

2.2 考虑机理相关性的单元故障行为模型建立方法

本节在基于故障物理的故障行为建模方法的基础上，考虑故障机理之间的相互作用（机理相关性）对单元故障行为的影响，给出一种考虑机理相关性的单元故障行为模型建立方法。在本书中，假设单元（或系统）的故障行为可以由一个或多个性能参数来刻画（例如图 2.1 中的 p）：当且仅当 $p \geq p_{th}$ 时，产品发生故障。单元故障行为由故障机理与机理间关系共同决定，如图 2.1 所示。

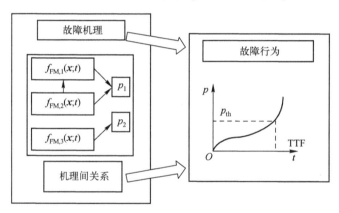

图 2.1　单元故障行为示意

通过文献调研发现：常见的故障机理间关系都可以用 3 种基本关系的组合表示出来。这 3 种基本关系是：竞争关系、叠加关系与耦合关系。2.2.1 节详细介绍以上 3 种基本关系，并且给出一种将机理间关系表示为 3 种基本关系组合的方法；在此基础上，2.2.2 节给出考虑机理相关性的单元故障行为建模方法；最后，2.2.3 节通过一个应用案例，演示所提出的方法。

2.2.1　机理间关系的建模

本书假设机理间关系可以通过竞争关系、叠加关系与耦合关系这 3 种基本关系的组合来建模。其中：竞争关系适用于描述不存在相互影响，且作用于不同性能参数的故障机理，如图 2.2 所示。FM_i 与 p_i 分别表示第 i 种故障机理及其对应的性能参数。适用竞争关系的故障机理之间独立发展，在给定的环境条件与输入条件下,故障时间最短的故障机理将首先发生。

例2.1:碳纤维/环氧树脂复合板受到3种故障机理的共同作用,每种故障机理对应一种故障模式,分别为:纤维拉断、复合基失效、纤维扭结(kinking)/分离(splitting)。文献[188]指出:这3种故障机理中的任意一种都可能导致复合板发生故障,除此之外,3种故障机理之间不存在相互作用,因此,这3种故障机理之间适用于竞争关系。

叠加关系适用于描述不存在相互影响,且作用于同一性能参数的几种故障机理,如图2.3所示。在图2.3中,FM_1与FM_2表示故障机理,p_1表示FM_1与FM_2共同作用的性能参数,$P_{FM,1,1}$与$P_{FM,1,2}$分别表示FM_1与FM_2对p_1的贡献。适用叠加关系的故障机理共同作用于同一性能参数,对于故障的贡献可以相互叠加。

图2.2 竞争关系示意   图2.3 叠加关系示意

例2.2:一个叠加关系的典型例子是结构的点蚀(pitting)和腐蚀疲劳(corrosion-fatigue)之间的相互作用[189]。裂纹长度a可以作为结构的性能参数:当a超过结构可以承受的裂纹长度a_{th}时,认为该结构发生故障。根据文献[189]:点蚀和腐蚀疲劳都会导致裂纹的增长。因此,这两种故障机理共同作用于性能参数a,机理间关系可以用叠加关系描述。

耦合关系适用于描述存在互相影响的几种机理,如图2.4所示。FM_1与FM_2表示两种互相耦合的故障机理,$f_{FM,1}(·)$与$f_{FM,2}(·)$分别表示FM_1与FM_2对应的故障机理模型,p_1、p_2分别表示FM_1与FM_2相应的性能参数。在$f_{FM,1}(·)$与$f_{FM,2}(·)$中,有一些输入参数,分别以$x_{couple,1}$和$x_{couple,2}$表示,受到其他故障机理的影响。正是这些来自其他故障机理

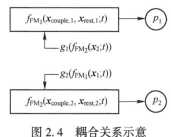

图2.4 耦合关系示意

的影响造成了故障机理之间的耦合。我们把$x_{couple,1}$、$x_{couple,2}$这样受到影响的参数称为耦合因子。在图2.4中,其他故障机理的影响用$g_1(·)$、$g_2(·)$来表示。

例2.3:耦合关系的一个典型例子是疲劳与蠕变之间的相互作用[178]。根据文献[178],当试样受到疲劳与蠕变两种故障机理的共同作用时,由于蠕变的影响,试样对于疲劳机理的抵御能力将显著降低。因此,疲劳与蠕变之间存在耦合关系。

例2.4:另一个耦合关系的典型例子是侵蚀(erosion)与腐蚀(corrosion)[176]。

文献[176]指出,侵蚀将去除材料表面的保护层,使材料更充分地暴露在腐蚀性介质中,从而加速腐蚀的影响。

对于实际的产品,其机理间关系可以通过上述3种基本关系的组合进行建模。本书提出一种可视化工具——机理关系图,以协助建模者更好地理解机理间关系是如何由3种基本关系构成的。在机理关系图中,方框表示一种故障机理,圆表示一个性能参数。如果某一故障机理影响某一性能参数,则在二者之间增加一个箭头,由故障机理指向性能参数。如果两种故障机理之间存在耦合作用,则在这两种故障机理之间增加一个耦合记号。图 2.5 给出了一个机理关系图的示意。

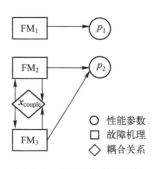

图 2.5 机理关系图示意

构建机理关系图的过程也是一个分析、梳理故障机理之间关系的过程。通过机理关系图,可以方便地对故障机理间关系进行建模。例如,从图 2.5 所示的机理关系图中可以看出,机理 2 与机理 3 之间存在叠加与耦合关系,机理 1 与其余两种机理之间存在竞争关系。

2.2.2 单元故障行为建模方法

2.2.1 节讨论了如何对机理间关系进行建模,在此基础上,本节将基于故障物理模型,给出一种考虑机理相关性的单元故障行为建模方法。当产品仅受一种故障机理的影响时,其故障行为可以通过故障机理模型进行描述:

$$p = f_{FM}(\boldsymbol{x}, t) \tag{2.1}$$

式中:p 为某项功能对应的性能参数;$f_{FM}(\cdot)$ 为故障机理模型;t 为时间。2.1 节回顾了常见的故障机理模型,如表 2.1 所列。表 2.1 中的故障机理模型可以分为耗损型与过应力型两类[110]。对于耗损型故障机理,性能参数随时间发生连续退化,当性能参数退化至故障判据时,故障发生。此时,式(2.1)是时间的连续函数。常见的耗损型故障机理包括疲劳、磨损、电迁移等。对于过应力型故障机理,多应用广义应力—强度模型描述:当广义应力超过广义强度时,故障发生。此时,性能参数即为广义应力,故障判据即为广义强度。一般认为,性能参数的变化是由"冲击"导致的,因此,在这种情况下,式(2.1)是时间的阶跃函数。通常地,假设性能参数的变化由服从泊松过程的冲击导致,则可以对式(2.1)进行概率描述。

需要指出的是,由于信息缺失的原因,表 2.1 中许多耗损型模型仅仅给出了故障时间的形式。对于这类故障机理模型,可以假设其性能参数为损伤 D,且损伤量服从线性增大的规律,当 $D=1$ 时,故障发生,则性能参数的变化规律可以用式(2.2)近似：

$$D = \frac{1}{f_{\mathrm{FM},t}(\boldsymbol{x})} t \tag{2.2}$$

在实际情况下,产品可能受到多种故障机理的影响。此时,单元故障行为由故障机理与机理间关系共同决定,如图 2.1 所示。2.2.1 节介绍了竞争、叠加、耦合这 3 种基本关系。常见的机理间关系均可以通过这 3 种基本关系的组合表示。在本节以下部分里,将首先依次介绍 3 种基本关系单独存在时,产品故障行为的建模方法;然后,给出 3 种基本关系同时存在时,产品故障行为的建模方法。

1. 仅存在竞争关系时的故障行为建模

从图 2.2 中可以看出,竞争关系适用于描述不存在相互影响,且作用于不同的性能参数的故障机理。存在竞争关系的故障机理之间独立发展,在给定的环境条件与输入条件下,故障时间最短的故障机理将首先发生。因此,适用竞争关系的故障机理作用下的产品故障行为可以用最弱环原理来建模：

假设单元受到 n 种故障机理的作用,每一种故障机理可以由故障机理模型 $f_{\mathrm{FM},i}(\boldsymbol{x}_i, t)$ 描述,即

$$\begin{aligned} p_i &= f_{\mathrm{FM},i}(\boldsymbol{x}_i, t) \quad (i = 1, 2, \cdots, n) \\ \mathrm{TTF}_i &= f_{\mathrm{FM},t,i}(\boldsymbol{x}) = \arg_t(f_{\mathrm{FM},i}(\boldsymbol{x}_i, t) = p_{\mathrm{th},i}) \end{aligned} \tag{2.3}$$

则单元的故障时间由 n 种机理导致的故障时间中最短的那个决定,即

$$\mathrm{TTF}_{\mathrm{comp}} = \min_{i=1}^{n} f_{\mathrm{FM},t,i}(\boldsymbol{x}) \tag{2.4}$$

例 2.5：竞争关系下的故障机理建模。例 2.1 中的复合板所受到的 3 种故障机理之间仅存在竞争关系。根据文献[188],3 种故障机理分别可以用式(2.5)~式(2.7)中的故障机理模型描述。

1) 纤维拉断

$$p_{\mathrm{ft}} = \left(\frac{\sigma_1(t)}{\sigma_L^+(t)} \right)^2, \quad p_{\mathrm{th}} = 1 \tag{2.5}$$

式中：σ_1 为第一主应力；σ_L^+ 为材料的轴向拉伸强度；p_{ft},p_{th} 分别为性能参数与故障判据,当 $p_{\mathrm{ft}} \geq p_{\mathrm{th}}$ 时,纤维拉断这一故障发生。

2) 复合基失效

$$p_{\mathrm{mat}} = \frac{\tau_{23}^{\phi_0}(t)}{\tau_T(t) - \mu_T \sigma_n^{\phi_0}(t)} + \frac{\tau_{12}^{\phi_0}(t)}{\tau_L(t) - \mu_L \sigma_n^{\phi_0}(t)} + \frac{\sigma_{n+}^{\phi_0}(t)}{\sigma_T^+(t)}, \quad p_{\mathrm{th}} = 1 \tag{2.6}$$

式中：$\tau_{23}^{\phi_0}$、$\tau_{12}^{\phi_0}$、$\sigma_n^{\phi_0}$ 为外部载荷在横截面上各个方向的分量；τ_T、τ_L 为轴向和周向的剪切强度；μ_L、μ_T 为轴向和周向的摩擦系数；σ_T^+ 为拉伸强度；p_{mat}、p_{th} 分别为性能参数与故障判据。

3) 纤维扭结(kinking)/分离(splitting)

$$p_{\text{kink}} = p_{\text{split}} = \left(\frac{\tau_{23}^{m_0}(t)}{\tau_T(t) - \mu_T \sigma_2^{m_0}(t)}\right)^2 + \left(\frac{\tau_{12}^{m_0}(t)}{\tau_T(t) - \mu_T \sigma_2^{m_0}(t)}\right)^2 + \frac{\sigma_{2+}^{m_0}(t)}{\sigma_T^+(t)}, \quad p_{\text{th}} = 1 \quad (2.7)$$

式中,各个参数的含义同式(2.6)。p_{kink},p_{split}分别为性能参数与故障判据,当$p_{\text{kink/split}} \geq p_{\text{th}}$时,纤维扭结或分离故障发生。其中,当第一主应力$\sigma_1 \leq -\sigma_T^-/2$时,发生扭结故障,当$\sigma_1 \geq -\sigma_T^-/2$时,发生分离故障。其中,$\sigma_T^-$为压缩强度。

由于3种故障机理之间适用竞争关系,则其故障行为可以由式(2.4)描述。将式(2.5)~式(2.7)代入式(2.4),则该复合板的故障行为模型为

$$p = \max(p_{\text{ft}}(t), p_{\text{mat}}(t), p_{\text{kink}}(t), p_{\text{split}}(t)), \quad p_{\text{th}} = 1 \quad (2.8)$$

式中:p、p_{th}分别为3种故障机理共同作用下该复合板的性能参数和故障判据;$p_{\text{ft}}(t)$、$p_{\text{mat}}(t)$、$p_{\text{kink}}(t)$、$p_{\text{split}}(t)$分别由式(2.5)~式(2.7)确定。式(2.8)中的结果与文献[188]是一致的。

2. 仅存在叠加关系时的故障行为建模

由于叠加关系作用下的几种故障机理共同作用于同一性能参数,因此,每一种故障机理的作用可以互相叠加:假设某单元受到n_i种适用叠加关系的故障机理影响,n_i种故障机理共同作用于同一性能参数p_i,则叠加关系可以用式(2.9)描述。式中,$p_{\text{FM},i,j}$表示第j种故障机理对性能参数p_i的贡献,由相应的故障机理模型$f_{\text{FM},i,j}(\boldsymbol{x}_{ij}, t)$计算得到。当所有的$f_{\text{FM},i,j}(\boldsymbol{x}_{ij}, t)$均可导时,叠加关系可以表示成变化速率的形式,即

$$p_i = \sum_{j=1}^{n_i} p_{\text{FM},i,j} = \sum_{j=1}^{n_i} f_{\text{FM},i,j}(\boldsymbol{x}_{ij}, t) \quad (2.9)$$

$$\frac{\mathrm{d}p_i}{\mathrm{d}t} = \sum_{j=1}^{n_i} \frac{\mathrm{d}p_{\text{FM},i,j}}{\mathrm{d}t} \quad (2.10)$$

例2.6:叠加关系下的故障机理建模。MOSFET器件的氧化层经时击穿(TDDB)行为是由于SiO_2氧化层中的化学键断裂引起的。化学键断裂在氧化层中产生导电缺陷,当缺陷积累至一定密度时,形成导电通路,造成栅电流突然增大,发生击穿。导致这一过程的故障机理主要有两种,分别用两个故障机理模型描述,即场强模型(E-模型)和隧穿模型(1/E-模型)。

场强模型认为,TDDB主要是由于电场对化学键的削弱作用导致的。从这一机理假说出发,建立了E-模型,即

$$\text{TTF}_E = A_0 \exp\{-\gamma E_{\text{ox}}\} \exp\left\{\frac{Q}{K_B T}\right\} \quad (2.11)$$

式中:A_0为与器件相关的常数;γ为场强系数,与温度有关;E_{ox}为氧化层两端的场强;K_B为玻尔兹曼常数;T为温度。

隧穿模型认为,TDDB 主要是由于载流子通过隧穿效应进入氧化层,破坏氧化层的化学键而引起的。从这一机理假说出发,建立了 1/E-模型,即

$$\text{TTF}_{1/E} = \tau_0(T) \exp\left\{\frac{G(T)}{E_{\text{ox}}}\right\} \tag{2.12}$$

其中,$\tau_0(T)$ 和 $G(T)$ 都是与温度有关的因子。

本例假设上述两种故障机理之间适用叠加关系,利用式(2.10)推导两种故障机理共同作用下产品的故障行为模型。为了利用式(2.11)与式(2.12)表示产品的故障行为,首先定义 D_E、$D_{1/E}$,分别表示对应的故障机理造成的损伤,并假设 $D_E \geq 1$ 或 $D_{1/E} \geq 1$ 时,故障发生。根据损伤累积的 Miner 准则,有

$$D_E = \frac{1}{\text{TTF}_E} t, \quad D_{1/E} = \frac{1}{\text{TTF}_{1/E}} t \tag{2.13}$$

式中:TTF_E 与 $\text{TTF}_{1/E}$ 分别由式(2.11)与式(2.12)确定。

由于两种机理之间存在叠加关系,由式(2.9)可知,两种故障机理共同作用下的故障行为可以描述为

$$D = D_E + D_{1/E} \tag{2.14}$$

式中:D 为两种故障机理共同造成的损伤。

由于当 $D \geq 1$ 时故障发生,将式(2.13)代入式(2.14),有

$$\text{TTF} = \frac{\text{TTF}_E \cdot \text{TTF}_{1/E}}{\text{TTF}_E + \text{TTF}_{1/E}} \tag{2.15}$$

式(2.15)描述了两种故障机理叠加作用下,产品的故障行为。这一结果与文献[109]是一致的。

3. 仅存在耦合关系时的故障行为建模

耦合关系适用于存在相互影响的故障机理,如图 2.4 所示。机理之间耦合的原因一般是由于其中一种机理的存在改变了另一种机理的内外因条件,从而影响了另一种机理的发展过程。为了考虑耦合关系对故障机理的影响,首先需要分析确定耦合因子。在图 2.4 中,x_{couple} 表示耦合因子,是指故障机理模型中,受到另一种故障机理影响,而发生改变的参数。可以通过耦合因子对存在耦合关系的故障机理进行建模,如式(2.16)所列。在式(2.16)中,p_1 为受到故障机理 1 影响的性能参数;$f_{\text{FM}_1}(\cdot)$、$f_{\text{FM}_2}(\cdot)$ 为两种故障机理对应的故障机理模型;$x_{\text{couple},1}$ 为 $f_{\text{FM}_1}(\cdot)$ 中受到故障机理 2 影响的参数,即机理模型 1 中的耦合因子;$x_{\text{rest},1}$ 为 $f_{\text{FM}_1}(\cdot)$ 中的其余参数;$g_1(\cdot)$ 则描述了耦合因子如何受到第 2 种故障机理的影响。图 2.4 中的另一个性能参数 p_2 也可以用类似的方法建模,如式(2.17)所列。

$$\begin{cases} p_1 = f_{\text{FM}_1}(x_{\text{rest},1}, x_{\text{couple},1}; t) \\ x_{\text{couple},1} = g_1(f_{\text{FM}_2}(x_2; t)) \end{cases} \tag{2.16}$$

$$\begin{cases} p_2 = f_{\mathrm{FM}_2}(\boldsymbol{x}_{\mathrm{rest},2}, \boldsymbol{x}_{\mathrm{couple},2}; t) \\ \boldsymbol{x}_{\mathrm{couple},1} = g_2(f_{\mathrm{FM}_1}(\boldsymbol{x}_1; t)) \end{cases} \quad (2.17)$$

例 2.7：耦合关系下的故障机理建模：对于仅受到低周疲劳影响的单元，可以用 Coffin-Manson 模型描述其故障行为，即

$$D_1 = \left[\frac{C}{\Delta r_p}\right]^{-\frac{1}{m}} t \quad (2.18)$$

式(2.18)是由故障机理模型的时间形式经由式(2.2)转化而来的。在式(2.18)中，D_1 为由低周疲劳引起的损伤，是该故障机理对应的性能参数，相应的故障判据为 $D_1 = 1$；Δr_p 为塑性变形范围；C、m 为与材料性质有关的常数；t 为时间。

对于仅受到蠕变影响的单元，可以用 Morrow 模型描述其故障行为，即

$$D_2 = \left[\frac{A}{\Delta W_p}\right]^{-\frac{1}{n}} t \quad (2.19)$$

式(2.19)是由故障机理模型的时间形式经由式(2.2)转化而来的。在式(2.19)中，D_2 为由蠕变引起的损伤，是该故障机理对应的性能参数，相应的故障判据为 $D_2 = 1$；ΔW_p 为应变能范围；A、n 为与材料性质有关的常数；t 为时间。

对于同时受到低周疲劳与蠕变两种故障机理作用的单元，两种机理的耦合作用导致单元的故障时间不仅与应变幅度相关，还与频率相关。因此，在式(2.18)中，引入了频率 v 与耦合因子 k，则两种机理耦合下 D_1 的变化规律可以用下式描述：

$$D_1 = \left[\frac{C}{\Delta r_p}\right]^{-\frac{1}{m}} v^{-(k-1)} t \quad (2.20)$$

其中，耦合因子 k 受到蠕变影响。在实际应用中，往往通过试验，确定 k 的取值。两种机理耦合下 D_2 的变化规律可以用类似的方法得到。

式(2.20)中的结果与文献[141]中的频率修正 Coffin-Manson 模型是一致的。

4. 3 种基本关系共同作用下的故障行为建模

在实际产品中，3 种基本关系共同存在。通过机理关系图，可以将机理间关系表示为 3 种基本关系的组合。在此基础上，结合之前讨论的 3 种基本关系单独作用下的故障行为建模方法，可以对 3 种基本关系共同作用下的故障行为进行建模。

3 种基本关系共同作用时的典型机理间关系可以用图 2.6 表示。在这张机理关系图中，共有 n 个性能参数 $p_i (i=1,2,\cdots,n)$。其中，第 i 个性能参数受到 n_i 种故障机理的影响，假设每种机理的故障机理模型为

$$p_{\mathrm{FM},i,j} = f_{\mathrm{FM},i,j}(\boldsymbol{x}_{i,j}, t) \quad (j=1,2,\cdots,n_i) \quad (2.21)$$

式中：$p_{\mathrm{FM},i,j}$ 为第 j 种故障机理所影响的性能参数；$f_{\mathrm{FM},i,j}(\cdot)$ 为相应的故障物理模型。如果第 k 个性能参数 p_k 仅受到 1 种故障机理的影响，则 $n_k = 1$。

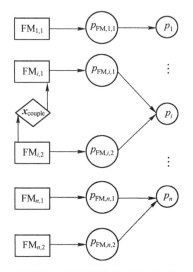

图 2.6 3 种基本关系共同作用时的典型机理间关系

故障行为模型可以通过以下两个步骤得到：

首先，根据各个故障机理模型，确定 $p_i(i=1,2,\cdots,n)$，由于 p_i 可能受到叠加关系与耦合关系的共同作用，综合式(2.9)与式(2.16)，p_i 可以按照下式计算：

$$p_i = \sum_{j=1}^{n_i} p_{i,j} \tag{2.22}$$

式中：$p_{i,j}$ 为第 j 种故障机理对 p_i 的贡献，由下式确定：

$$p_{i,j} = \begin{cases} 式(2.22) & (若 FM_j 不受耦合关系作用) \\ 式(2.17) & (若 FM_j 受到耦合关系作用) \end{cases} \tag{2.23}$$

然后，通过 $p_i(i=1,2,\cdots,n)$，确定产品的故障行为。由于性能参数 $p_i(i=1,2,\cdots,n)$ 之间适用竞争关系，则该单元的故障行为可以由式(2.4)描述。

例 2.8：在本例中，应用上文所述方法，对退化与冲击共同作用下的单元故障行为进行建模。退化与冲击的交互作用是被广泛研究的一类相关故障。在该作用影响下，单元受到 3 种故障机理的作用：

首先，单元受到由冲击导致的过应力型故障机理 FM_1 的影响。假设每次冲击造成的损伤为 W，当 $W \geq D$ 时，单元发生故障（硬故障）。容易验证，W 是一个性能参数，将其记为 p_1，相应地，D 是故障判据，将其记为 $p_{th,1}$；其次，该单元还受到退化型故障机理 FM_2 的影响，造成性能参数 p_2 的退化，当 $p_2 > H$ 时，单元发生故障（软故障）；除此之外，性能参数 p_2 还受到由冲击引起的退化型故障机理 FM_3 的影响，每次冲击来临时，将给 p_2 带来一个增量 Y_i。

为了分析这 3 种故障机理之间的关系，首先构建该单元的机理关系图，如

图 2.7 所示。

从图 2.7 中可以看出,性能参数 p_2 受到 FM_2 与 FM_3 的共同作用,因此,FM_2 与 FM_3 适用叠加关系。根据式(2.22)与式(2.23),p_1 与 p_2 可以由下式确定:

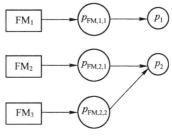

图 2.7 例 2.8 机理关系图

$$p_1 = p_{\mathrm{FM},1,1} = f_{\mathrm{FM}_1}(\boldsymbol{x}_1;t),$$
$$p_2 = p_{\mathrm{FM},2,1} + p_{\mathrm{FM},2,2} = f_{\mathrm{FM}_2}(\boldsymbol{x}_2;t) + f_{\mathrm{FM}_3}(\boldsymbol{x}_3;t)$$
(2.24)

式中:$f_{\mathrm{FM}_i}(\boldsymbol{x}_i;t)$ 为第 i 种故障机理对应故障机理模型。

从图 2.7 中可以看出,性能参数 p_1 与 p_2 之间适用竞争关系。依据式(2.4),该单元的故障时间可以用下式预计:

$$\mathrm{TTF} = \min\{\mathrm{TTF}_1, \mathrm{TTF}_2\} \tag{2.25}$$

式中:TTF_1 和 TTF_2 由下式确定:

$$\mathrm{TTF}_1 = \arg_t \{p_1(t) = p_{\mathrm{th},1}\}, \quad \mathrm{TTF}_2 = \arg_t \{p_2(t) = p_{\mathrm{th},2}\} \tag{2.26}$$

在实际应用这一模型时,通常假设 FM_1 为过应力机理,p_1、$p_{\mathrm{th},1}$ 分别为前面所述的 W 与 D;FM_2 对 p_2 造成的变化效应为 $X(t)$;FM_3 为一个服从泊松过程的冲击,每次冲击使得 p_2 增加 Y_i,则通过式(2.24)或式(2.26)可以求得单元的可靠度,即

$$R(t) = \prod_{m=0}^{\infty} \left[P(W < D) \cdot \frac{\mathrm{e}^{-\lambda t}(\lambda t)^m}{m!} \cdot P\left(\left(X(t) + \sum_{j=1}^{N(t)} Y_i\right) < H \mid N(t) = m\right) \right]$$
(2.27)

式中:λ 为泊松过程的强度。式(2.27)的结果与文献[3,190]等基于概率模型推导的结果是一致的。

2.2.3 应用案例

本节通过一个滑阀故障行为建模的实际案例,演示所提出的单元故障行为建模方法。

2.2.3.1 故障机理与机理模型

滑阀通过阀芯在阀套中的往复运动,起到控制液压油路通断的作用,如图 2.8 所示。通过对其进行的功能分析,与功能完成密切相关的性能参数是阀芯阀套径向间隙,记为 x。经过 FMMEA 分析,该滑阀主要受到两种故障机理的影响:黏着磨损和磨粒磨损。黏着磨损可以用 Archard 模型描述,即

$$\frac{\mathrm{d}x_{\mathrm{adh}}}{\mathrm{d}t} = K_{\mathrm{adh}} \frac{W_a}{H_m} = k_1 \tag{2.28}$$

式中：x_{adh}为由于黏着磨损引起的径向间隙变化；K_{adh}为一个与摩擦副表面状况与润滑情况有关的常数；W_a为摩擦副表面的正压力；H_a为摩擦副表面的硬度。

磨粒磨损可以通过由式（2.29）所列的故障机理模型描述[191]：

$$\frac{dx_{abr}}{dt} = K_{abr}\frac{W_a}{H_m} = k_2 \qquad (2.29)$$

式中：x_{abr}为由于磨粒磨损引起的径向间隙变化；K_{abr}为一个与摩擦副表面状况有关的常数。其余参数含义与式（2.28）相同。

2.2.3.2 机理间关系

在分析确定了滑阀所受的故障机理以及相应的机理模型之后，还需要确定机理间关系。在这个例子中，滑阀所受黏着磨损与磨粒磨损两种故障机理间的关系如图2.8所示。其中，黏着磨损与磨粒磨损共同导致径向间隙x的减小，因此，存在叠加关系，$x=x_{adh}+x_{abr}$。

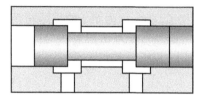

图2.8 滑阀示意图

除此之外，磨粒磨损与黏着磨损之间还存在着交互作用。这两种机理是通过表面粗糙度σ_s这一耦合特征量发生相互作用的。在描述黏着磨损的故障机理模型式（2.28）中，常数K_{adh}与σ_s相关，如式（2.30）所列[191]。其中，$a_1 \sim a_4$均是与材料性质有关的常数，通常通过试验测定。另一方面，σ_s与两种机理共同作用下的径向间隙变化速率存在如式（2.31）所列的关系[191]。其中，b_1、b_2为与材料性质有关的常数，通常通过试验确定。

$$K_{adh} = \left(\frac{1}{a_1\sigma_s^{\frac{1}{2}}+a_2}+a_3+a_4\sigma_s^{\frac{1}{2}}\right)^5 \qquad (2.30)$$

$$\frac{d\sigma_s}{dt} = b_1(\sigma_s+b_2)\frac{dx}{dt} \qquad (2.31)$$

2.2.3.3 故障行为建模

在得到了故障机理模型[式（2.28）和式（2.29）]与机理间关系（图2.9）之后，应用2.2.2节中介绍的单元故障行为建模方法建立滑阀的故障行为模型。首先，注意到x由两种故障机理导致的径向间隙变化量叠加得到。因此

$$\frac{dx}{dt} = \frac{dx'_{adh}}{dt} + \frac{dx'_{abr}}{dt} \qquad (2.32)$$

式（2.32）中的dx'_{adh}/dt、dx'_{abr}/dt分别为考虑了交互作用后，黏着磨损与磨粒磨损导致的径向间隙变化速率。由于式（2.30）、式（2.31）中描述的两种机理之间的交互作用较为复杂，在这里，进行一些简化：从式（2.30）、式（2.31）可以看出，K_{adh}是x的函数。因此，假设$K_{adh}=g(x)$，并且在$x=0$附近进行一阶泰勒展开，假设

$g(0)=0$，则有

$$K_{adh}=-c_1 x \quad (2.33)$$

将式(2.33)代入式(2.28)，并令 $C_1=c_1 W_a/H_m$，则

$$\frac{dx'_{adh}}{dt}=-C_1 x \quad (2.34)$$

由于 K_{abr} 的变化则与 x 无关，则 dx'_{abr}/dt 是一个常数，令

$$\frac{dx'_{abr}}{dt}=C_2 \quad (2.35)$$

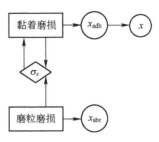

图 2.9 滑阀两种故障机理间的关系

将式(2.33)、式(2.35)代入式(2.32)求解，可得黏着磨损与磨粒磨损共同作用下的单元故障行为模型：

$$x(t)=\frac{C_2-\exp\{-C_1 t+\ln C_2\}}{C_1} \quad (2.36)$$

2.2.3.4 模型验证与讨论

为了验证建模的结果，设计并实施了一组滑阀的磨损试验。试验间隔给定的时间，对磨损量 $x(t)$ 进行一次测量，试验结果如图 2.10 所示。需要指出的是，由于保密的需要，在不影响结果的前提下，对磨损量进行了尺度变换。

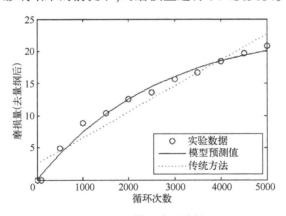

图 2.10 模型验证结果

考虑了机理间关系后，建立的单元故障行为模型如式(2.36)所列。在使用传统的故障物理方法时，机理间关系被忽略，而假设机理之间相互独立，因此，式(2.28)与式(2.29)独立发展，先达到故障判据的机理决定单元的故障行为。由于两种故障机理的机理模型均为线性模型，因此，假设机理独立时，磨损量 $x(t)$ 的变化规律也是线性的：

$$x(t) = Ct \tag{2.37}$$

为了对比两种方法的应用效果,用图 2.10 中的数据分别对式(2.36)与式(2.37)进行拟合,结果如图 2.10 所示。为了进一步比较两个模型对试验数据的支持程度,计算两次拟合的残差平方和。结果显示,利用传统方法得到的模型,其残差平方和为 5.7981,而利用本书提出方法建立的模型,残差平方和为 0.5298。由此可见,利用本书提出的方法,能够更加准确地描述多机理共同作用下,单元的故障行为。

2.3 考虑功能相关性的系统故障行为建模方法

系统故障行为受到单元故障行为以及单元之间相互作用的共同影响。2.2 节已经给出了多种故障机理共同作用下单元故障行为的建模方法。本节将进一步考虑单元之间相互作用的影响,给出系统故障行为的建模方法。

为了更加准确地描述单元之间的相互作用(相关性),需要首先确定引起这些相互作用的根本原因。在已有的文献中,得到广泛讨论的原因主要包括共因故障(common cause failure,CCF)[192]和级联故障(cascading failure)[193]两类。其中,共因故障是指不同单元受到同一种故障原因的影响而引发的故障[192]。例如,在福岛核电站事故中,冷却系统和备份冷却系统被海啸这一共同故障原因同时摧毁,造成了严重的故障后果[194]。一般而言,共因故障的存在会显著地降低系统的可靠度;级联故障是指由于故障在系统中的不同单元之间传播而引发的故障[193]。例如,在电网中,由于负载再平衡效应,某一个节点的故障将造成与之相连的节点故障的可能性大大增加,从而显著地降低系统的可靠度[195]。

在研究中,可发现:即使单元之间不存在上述两种引起相关性的原因,而仅仅是共同作用于系统的同一性能参数,单元之间的故障行为也可能存在相互作用,一般将这种相关性称为功能相关性。本节主要讨论存在功能相关性影响的系统故障行为建模方法:2.3.1 节首先介绍功能相关性的概念,并通过一个例子展示功能相关性对故障行为的影响;2.3.2 节提出一种基于物理功能模型的系统故障行为方法,以解决功能相关性作用下的系统故障行为建模问题;2.3.3 节通过一个实际案例,对本节中提出的方法进行验证。

2.3.1 功能相关性

系统的功能是由其组成单元共同完成的,如图 2.11 所示。系统由 n 个单元构成,共同完成某一功能。该功能可以由性能参数 p 描述,当 $p > p_{th}$ 时,故障发生,p_{th} 为相应的故障判据。单元的故障行为可以按照 2.3 节中介绍的方法,通过单元故障行为模型描述：

$$p_i = f_{\text{FBM},U,i}(\boldsymbol{x}_i, t)$$

式中：p_i 为单元 i 对应的性能参数，将其对应的故障判据记为 $p_{\text{th},i}$。从图 2.11 中可以看出，系统性能参数 p 受到单元性能参数 $p_1, p_2, \cdots, p_n$ 的共同影响。因此，当某一单元 i 的性能参数 p_i 由于故障行为的影响发生改变时，其他单元的故障判据也会随之发生改变。换而言之，单元的故障行为之间是相关的。由于这种相关性是由于单元对同一功能的共同作用导致的，因此，把这种效应称为功能相关性。

以一个简单分压电路为例，展示功能相关性对系统故障行为的影响。该电路的原理图如图 2.12 所示。图 2.12 中，X_1、X_2 分别为两个电阻的阻值。该系统由单元 X_1、X_2 组成，实现的功能是，将输入电压 U_{in} 转化为输出电压 U_{out}。系统的性能参数为 U_{out}，该性能参数为望目特性，对应的故障判据为 U_L、U_U，当

$$U_{\text{out}} > U_U \quad 或 \quad U_{\text{out}} < U_L \tag{2.38}$$

时，系统发生故障。

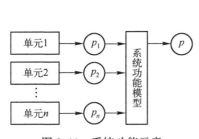

图 2.11 系统功能示意

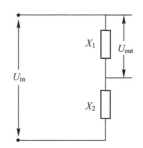

图 2.12 某分压电路原理图

根据文献[196]，单元 X_1 仅受到一种故障机理的影响，因此，其故障行为可以用相应的故障机理模型表示，即

$$X_1(t) = X_{0,1} + k_1 t \tag{2.39}$$

式中：$X_1(t)$ 为 X_1 的阻值，是单元 X_1 的性能参数；$X_{0,1}$、k_1 为与使用条件、环境条件有关的常数。令 $X_{\text{th},1}$ 表示当系统故障时（$U_{\text{out}} > U_U$ 或 $U_{\text{out}} < U_L$）X_1 的取值，则单元 X_1 的故障时间可以表示为

$$\text{TTF}_1 = \frac{X_{\text{th},1} - X_{0,1}}{k_1} \tag{2.40}$$

式(2.39)与式(2.40)共同描述了单元 X_1 的故障行为。

另一方面，通过电路理论，输出电压 U_{out} 可以通过 X_1 与 X_2 确定：

$$U_{\text{out}} = \frac{X_1}{X_1 + X_2} U_{\text{in}} \tag{2.41}$$

从式(2.41)中可以看出，X_1 与 X_2 共同保证了电路正常功能的实现。因此，X_2

的取值将影响 X_1 的故障判据 $X_{\text{th},1}$。假设当 $t = \text{TTF}$ 时,电路故障发生。结合式(2.38)与式(2.41),可以得到

$$X_{\text{th},1} = \begin{cases} \dfrac{U_U X_2(\text{TTF})}{U_{\text{in}} - U_U} & (k_1 \geqslant 0) \\ \dfrac{U_L X_2(\text{TTF})}{U_{\text{in}} - U_L} & (k_1 < 0) \end{cases} \quad (2.42)$$

从式(2.42)中可以看出,X_1 的故障判据 $X_{\text{th},1}$ 随着 X_2 的变化而变化。根据式(2.42)与式(2.39),绘制 X_1 的故障时间 TTF_1 随 X_2 变化的图像,如图 2.13 所示。可以看出,单元 X_1 的故障行为与单元 X_2 的故障行为是相关的。本书将这种相互作用称为功能相关性。

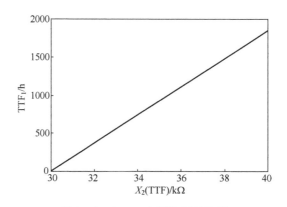

图 2.13 X_1, X_2 之间的相互作用

($X_{0,1} = 10(\text{k}\Omega)$,$k_1 = 1.8 \times 10^{-3}(\text{k}\Omega/\text{h})$,$U_U = 5(\text{V})$,$U_L = 4.5(\text{V})$,$U_{\text{in}} = 20(\text{V})$)

从这个例子中可以看出,功能相关性并不影响每一个单元的故障行为。"相关作用"是由于多个单元对系统性能参数的共同作用导致的。也就是说,功能相关性主要体现在,其他单元的作用改变了单元故障行为模型的故障判据 $p_{\text{th},i}$。后续章节将介绍一种针对功能相关性的系统故障行为建模方法。

2.3.2 基于物理功能模型的系统故障行为建模方法

本节介绍一种基于物理功能模型的系统故障行为建模方法。这种方法通过物理功能模型考虑功能相关性对系统故障行为的影响。物理功能模型是通过功能实现的物理规律对系统性能参数进行描述的模型,即

$$p = f_{\text{PFM}}(z) \quad (2.43)$$

式中:p 为系统性能参数;$f_{\text{PFM}}(\cdot)$ 为物理功能模型;z 为物理功能模型的输入参数。

在物理功能模型的输入参数 z 中,有一些分量受到单元故障行为的影响,随时间发生变化。系统性能参数的变化即由这些参数的变化导致。这样的参数被称为故障敏感参数(FSP),用 z_d 表示,$z_d = (z_{d,1}, z_{d,2}, \cdots, z_{d,n})^T$。故障敏感参数的变化规律可以由单元故障行为模型描述,即

$$z_{d,i} = f_{be,comp,i}(\boldsymbol{x}_i, t) \quad (i=1,2,\cdots,n) \tag{2.44}$$

将式(2.44)代入式(2.43),则可以得到系统性能参数 p 的变化规律,从而刻画系统的故障行为。在此基础上,可以进一步计算系统的故障时间,如式(2.3)所示。

基于物理功能模型的系统故障行为建模方法的实施步骤如图 2.14 所示。首先,应该获取所研究系统的物理功能模型,描述系统性能参数的变化规律。常见的物理功能模型包括,电路设计中使用的 PSPICE 模型、多领域设计中的 AMESim 模型、控制系统设计中的 Simulink 模型等。

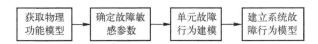

图 2.14 基于物理功能模型的系统故障行为建模方法实施步骤

然后,需要分析确定故障敏感参数。故障敏感参数一方面对系统性能参数的变化影响显著,另一方面,受到故障行为的影响,随时间变化。因此,首先应通过敏感性分析确定物理功能模型输入参数 z 中显著影响系统性能参数的分量。然后,通过单元故障行为分析,判断这些分量是否随时间变化。同时满足这两方面条件的参数即为故障敏感参数。

在此基础上,针对每一个故障敏感参数,分析影响其的单元故障行为,并建立单元故障行为模型,以描述故障敏感参数的变化规律,如式(2.44)所列。

将描述每个故障敏感参数的单元故障行为模型代入物理功能模型,即可得到系统性能参数的变化规律。在此基础上,可以按照式(2.3)所列方法计算故障时间,从而描述系统故障行为。

2.3.3 应用案例

本节应用所提出的系统故障行为建模方法,对某液压伺服作动器建立故障行为模型,并研究功能相关性对该作动器故障行为的影响。该液压伺服作动器的功能是将输入的电信号转变为作动筒的位移,系统的性能参数是正弦信号下的幅值衰减量,用 p_{HSA} 表示,即

$$p_{HSA} = -20 \lg \frac{A_{HC}}{A_{obj}} \tag{2.45}$$

式中：A_{HC}为作动筒的位移信号幅值；A_{obj}表示输入正弦信号的幅值。p_{HSA}的单位是dB。当$p_{HSA} \geq p_{th} = 3(dB)$时，认为伺服作动器不能完成规定的功能，故障发生。

该伺服作动器由6个单元组成，如表2.2所列。通过仿真软件AMESim，可以建立其物理功能模型，如图2.15所示。性能参数p_{HSA}可以由物理功能模型计算得到。所建立的AMESim模型中共包含1230个参数。

表2.2 某液压伺服阀的组成单元与故障机理

单元	1	2	3	4	5	6
	电液伺服阀(ESV)	滑阀1(Spool1)	滑阀2(Spool1)	滑阀3(Spool1)	滑阀4(Spool1)	作动筒(HC)
FSP	径向间隙x_1	径向间隙x_2	径向间隙x_3	径向间隙x_4	径向间隙x_5	径向间隙x_6
机理	磨损	磨损	磨损	磨损	磨损	磨损

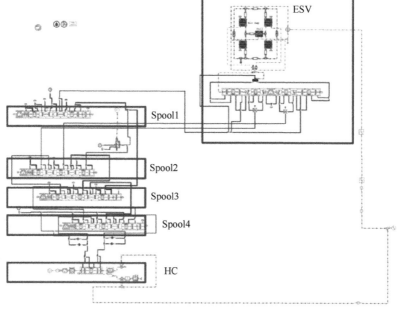

图2.15 某液压伺服作动器的物理功能模型

FSP：故障敏感参数

经过敏感性分析与专家经验判断，确定物理功能模型中的故障敏感参数以及影响这些故障敏感参数的故障机理，如表2.2所列。从表2.2中可以看出，所有6个单元均受到磨损机理的影响。Liao等基于Archard模型，建立了适用于这些单元的故障机理模型，即

$$\begin{cases} x = x_0 + \dfrac{KL_m W_a}{H} t \cdot f \\ \lg K = 5\lg\mu - 2.27 \\ W_a = \dfrac{1}{30} AH\psi \left[F_{\frac{3}{2}}\left(\dfrac{h}{\sigma}\right) - F_{\frac{3}{2}}\left(\dfrac{h}{\sigma} + \dfrac{1}{\psi^2}\right) \right] + \dfrac{1}{10}\pi AHF_1\left(\dfrac{h}{\sigma} + \dfrac{1}{\psi^2}\right) \\ F_n(u) = \displaystyle\int_u^\infty (t-u)^n e^{-\frac{t^2}{2}} dt, A = \pi DL_j \end{cases} \quad (2.46)$$

式中各参数的含义见表2.3。

表2.3 式(2.46)中参数的含义

符号	含 义	符号	含 义
f	作动筒动作频率,本例中,$f=0.5$Hz	x	径向间隙
x_0	径向间隙初始值	L_m	磨损行程
H	布氏硬度	K	与磨损过程有关的常数
μ	摩擦系数	W_a	微凸体载荷
D	作动筒径向直径	L_j	磨损接触长度
ψ	塑性指数	h/σ	膜厚比

6个单元的故障行为均可以用形如式(2.46)的模型表示,各个单元的模型参数如表2.5所列。将各个单元的故障行为模型代入伺服作动器的物理功能模型,可以得到p_{HSA}随时间变化的规律。将$p_{th}=3$(dB)代入裕量模型,可以预计伺服作动器的故障时间,结果为2.85×10^5(h)。考虑表2.5中各个参数的分散性,利用蒙特卡罗方法,可以得到考虑功能相关性后的作动器可靠度曲线,如图2.16所示。

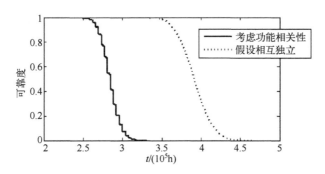

图2.16 功能相关性对某液压伺服作动器可靠性的影响

当不考虑功能相关性时,基于独立假设计算作动器故障时间,结果如表2.4所列。表2.4中给出了各个单元独立作用,导致系统故障时径向间隙所需要达到的阈值与相应的故障时间。从表 2.4 中可以看出，单元 1 将最先发生故障，因此，预计得到的伺服作动器的故障时间为 $3.99\times10^5(\mathrm{h})$。类似地，可以计算独立假设下，作动器可靠度的变化规律，分别如图 2.16 所示。

表 2.4　不考虑功能相关性时各个单元故障时间计算结果

单元	1	2	3	4	5	6
故障判据/mm	0.0015	0.77	0.070	0.065	0.070	0.050
TTF/h	3.99×10^5	3.55×10^7	2.92×10^6	2.64×10^6	1.62×10^6	9.77×10^5

通过对比可以看出，在这个例子中，考虑了功能相关性后，伺服作动器的可靠性预计结果相较于不考虑功能相关性时更加保守。这一结论也可以从故障时间预测值的比较中看出：考虑了功能相关性后，预计的故障时间比不考虑功能相关性的结果要短。这是由于，构成伺服作动器的 6 个单元均对 p_{HSA} 的退化有贡献，当不考虑功能相关性时，在考虑某一个单元故障行为对 p_{HSA} 的影响时，忽略了其他单元的贡献。因此，p_{HSA} 的退化效应较考虑了功能相关性时弱。这也是考虑了功能相关性后，预计的可靠性水平降低的原因。

2.4　本章小结

本章首先针对多机理共同作用下的单元故障行为建模问题，给出一种考虑机理相关性的单元故障行为建模方法；然后，针对单元之间存在相互作用的系统，给出一种考虑功能相关性的系统故障行为方法。最后，通过两个实际案例对所提出的单元及系统故障行为建模方法进行验证。结果显示，与传统方法相比，本章中提出的这两种方法能够更加准确地刻画多故障机理共同作用下单元与系统的故障行为。

第三章

基于随机混合自动机的相关故障行为建模与分析

从本书的前述章节可以看出,描述相关故障行为的模型虽然看起来天差地别,但是抽象地看,却有很大的共通之处:在大多数描述相关故障行为的模型中,相关故障行为都是通过一些表征单元或系统状态的变量来刻画的。本书将这些变量统称为"状态变量"。不同的相关故障行为建模方法,即体现在对状态变量刻画方式的不同上。从本章开始,主要探讨一种高度抽象的相关故障行为模型:基于随机混合自动机的相关故障行为模型。希望通过这一模型,直接对相关故障行为影响下的状态变量变化规律进行刻画,从而将文献中各类不同的相关故障行为模型统一起来。

对于一个状态变量,其可能取值的全体所构成的集合称为状态空间。为了建模之便,根据状态空间的连续性,本书将状态变量划分为连续变量和离散变量;相应地,状态区分为连续状态和离散状态,状态变量的变化过程区分为连续过程和离散过程。基于随机混合自动机理论的相关故障行为建模与分析方法的核心思想是:将系统相关故障行为抽象成若干个相关的连续过程和离散过程,采用随机混合自动机的建模方法分别描述连续过程、离散过程和过程之间的相关关系,并利用随机混合自动机模型的分析方法分析相关故障行为的动态特性和系统可靠性。本章基于随机混合自动机理论,提出相关故障行为随机混合自动机的基本构建方法和基于蒙特卡罗仿真的可靠性分析方法,并以液压滑阀的两种相关故障机理为背景,给出应用示例。

3.1 随机混合自动机理论

随机混合自动机(SHA)是一类适用于描述具有随机特性和混合特性的系统动态行为的模型,其中:随机特性是指系统行为存在不确定性,在确定性行为的基础上考虑随机事件对系统动态行为的影响;混合特性是指系统的状态是由一部分连续状态和一部分离散状态构成的,连续状态和离散状态之间通常存在相互的影响;

动态行为是指系统在变化的环境条件和工作模式下所表现出的随时间变化的性能状态或故障行为。

在文献中,一个基本的 SHA 模型[197]定义为

$$\mathrm{SHA} = (S, E, X, A, A_c, H, F, \boldsymbol{P}, s_0, x_0, P_0) \tag{3.1}$$

其中:

- S 为离散状态的有限集合,即 $\{s^1, s^2, \cdots, s^m\}$。
- E 为确定性事件或随机事件的有限集合,即 $\{e_1, e_2, \cdots, e_r\}$。
- X 为连续状态的有限集合,用一组实变量表示,即 $\{x_1, x_2, \cdots, x_n\}$,由这些实变量组成的向量记为 $x = [x_1, x_2, \cdots, x_n]^T$。
- A 为有向弧 $\{s, e_j, G_k, R_k, s'\}$ 的有限集合,其中 s 和 s' 分别是有向弧 k 的起始离散状态和目的离散状态,e_j 是该有向弧对应的事件,G_k 是实变量 x 在离散状态 s' 下的边界条件(guard condition),R_k 是实变量 x 在离散状态 s' 下的重置函数(reset function)。当系统处于离散状态 s,若事件 e_j 发生,且边界条件 G_k 满足,则系统离散状态转移至 s',且向量 x 在离散状态 s' 的初始值由 R_k 确定。
- $A_c: X \times S \to (\mathbb{R}^{n+} \to \mathbb{R})$ 为"活动"函数,描述向量 x 在每个离散状态下的变化规律。
- H 为定义在 $\mathbb{R}$ 上的计时器的有限集合,表示(确定性或随机)事件的发生时间。
- $F: H \to (\mathbb{R} \to [0,1])$ 为计时器的概率分布函数。
- $\boldsymbol{P} = [p_s^{s'}]$ 为离散状态的转移概率矩阵,与事件 E 相关,$p_s^{s'}$ 表示在事件 e 发生的条件下,系统从离散状态 s 到离散状态 s' 的转移概率,即 $p(s' | s, e)$。假设事件 e 的发生会触发系统从离散状态 s^i 向离散状态 $s^1, s^2, \cdots, s^j$ 的转移,则有 $p_i^1 + p_i^2 + \cdots + p_i^j = 1$。
- s_0、x_0 和 P_0 分别为初始离散状态,连续状态在初始离散状态下的初始值和离散状态的初始概率分布。

SHA 模型的求解主要通过蒙特卡罗仿真实现,基于蒙特卡罗仿真法的 SHA 求解思想是:仿真生成足够数量的系统发展过程样本(以达到指定的计算精度),从中获得系统连续状态和离散状态随时间变化的样本信息,进而求取相关变量的统计特征量。

根据分析需求的不同,每次系统发展过程蒙特卡罗仿真的终止条件主要有两类:一类是终止于系统离散状态到达吸收态(系统将停留在该状态,不再向其他状态转移);另一类是终止于指定的观测时间区间终点。

由于 SHA 具有描述系统动态行为的确定性与随机性特征、连续状态与离散状

态复杂相关关系的成熟建模与分析体系,这一模型在生物化学系统分析、飞行器冲突探测、交换通信网络分析、可靠性与风险评估等需要对复杂系统行为进行辨识和建模的领域均得到了广泛应用。在可靠性与风险评估领域,SHA 可应用于动态可靠性评估(dynamic reliability assessment)和动态概率风险评估(dynamic probabilistic risk assessment)。

Pérez Castañeda 等[197]提出了一种 SHA 模型,并应用于烤箱温度控制系统和水箱水位控制系统的动态可靠性评估。该模型能够描述组件失效、环境温度和系统工作模式之间的相互作用,可用于评估系统可靠性指标:平均故障前时间(mean time to failure,MTTF)、平均修复时间(mean time to repair,MTTR)和可用度(availability)。Chiacchio 等[198]将 SHA 应用于数据集群系统的动态可靠性评估,将系统划分为独立变化的物理确定性子系统和随机子系统,并在 Simulink 环境下并行仿真,通过定时更新共享变量作用下的两子系统状态,实现系统行为与环境温度耦合情况下的系统动态仿真。

3.2 相关故障行为随机混合自动机的基本构建方法

根据组件性能是否具有退化特性,将组件划分为退化型组件和非退化型组件。考虑一个由 s 个组件构成的系统,其中包含 l 个退化型组件和 $s-l$ 个非退化型组件。

定义系统的结构函数为

$$Y = F(Y_1, \cdots, Y_l, Y_{l+1}, \cdots, Y_s) \tag{3.2}$$

式中:$Y, Y_1, \cdots, Y_s$ 为布尔变量,分别表示系统和 s 个组件的状态:$Y_i = 1$ 表示工作状态,$Y_i = 0$ 表示故障状态。

基于系统结构函数,在组件故障事件概率独立的条件下,系统可靠度可以表示为组件可靠度的函数:

$$R(t) = \Pr\{F(Y_1, Y_2, \cdots, Y_s) = 1\} = G(R_1(t), R_2(t), \cdots, R_s(t)) \tag{3.3}$$

式中:$R_j(t)(j=1,2,\cdots,s)$ 为第 j 个组件的可靠度;函数 $G(\cdot), G:[0,1]^s \to [0,1]$,取决于系统结构函数 $F(\cdot)$。

然而,若考虑组件故障过程之间(由于内部因素、环境因素和外部事件等原因)存在的相关关系,系统可靠度则无法直接由式(3.3)计算。

为描述考虑故障相关性的系统动态行为,定义如下的 SHA 模型:

$$\text{SHA} = (Q, E, X, A, A_c, H, F, P, q_0, X_0, P_0) \tag{3.4}$$

其中:

- Q 为系统离散状态的有限集合,即 $\{q_1, q_2, \cdots, q_n\}$,离散状态反映了系统的健康状态,针对特定的系统,健康状态决定了系统的故障行为规律(包括系统内部的退化规律和系统所处的影响系统故障行为的外部环境状态等)。

- E 为确定性事件或随机事件的有限集合,即 $\{e_1, e_2, \cdots, e_r\}$,例如:影响系统功能和性能状态的偶发事件、组件失效、维修活动等,这些事件的发生是系统离散状态变化的必要不充分条件。
- X 为连续实变量的有限集合,即 $\{x_1, \cdots, x_l, x_{l+1}, \cdots, x_c\}$,其中 $\{x_1, \cdots, x_l\}$ 表示系统内 l 个组件的退化量,$\{x_{l+1}, \cdots, x_c\}$ 表示影响系统故障行为的连续环境因素变量。
- A 为有向弧 $\{q_i, e_k, G_{ij}, R_{ij}, q_j\}$ 的有限集合,其中 q_i 和 q_j 是该有向弧的起始离散状态和目的离散状态,e_k 是该有向弧对应的事件,G_{ij} 是向量 x 在离散状态 q_j 下的边界条件,R_{ij} 是向量 x 在离散状态 q_j 下的重置函数。当系统处于离散状态 q_i,若事件 e_k 发生,且边界条件 G_{ij} 满足,则系统离散状态转移至 q_j,向量 x 在离散状态 q_j 的初始值由 R_{ij} 重置。
- $A_c: X \times Q \to (\mathbb{R}^{n+} \to \mathbb{R})$ 为描述系统连续状态变化规律的函数,即各个离散状态下向量 x 的变化规律,通常以常微分方程组或随机微分方程组的形式描述。
- H 为定义在 $\mathbb{R}$ 上的计时器的有限集合,表示(确定性或随机)事件的发生时间。
- $F: H \to (\mathbb{R} \to [0, 1])$ 描述了计时器 H 的概率分布函数。
- $P = [p_q^{q'}]$ 为离散状态的转移概率矩阵,与事件 E 相关,$p_q^{q'}$ 表示在事件 e_k 发生的条件下,系统从离散状态 q 到离散状态 q' 的转移概率,即 $p(q'|q, e_k)$。假设事件 e_k 的发生会触发系统从离散状态 q_i 向离散状态 $q_1, q_2, \cdots, q_j$ 的转移,则有 $p_i^1 + p_i^2 + \cdots + p_i^j = 1$。
- q_0、X_0 和 P_0 分别为初始离散状态、连续状态在初始离散状态下的初始值和离散状态的初始转移概率。

基于上述 SHA 模型,相关故障行为的建模方法体系包含 3 类基本方法:连续过程建模方法、离散过程建模方法和过程相关关系建模方法。在方法体系中,用于描述连续过程、离散过程和过程相关关系的 SHA 模型元素如图 3.1 所示。

在图 3.1 中,连续过程由 SHA 模型的元素 X、A_c、G、R 描述,即连续过程的状态集合、连续状态的变化规律、离散状态转移对应的连续变量边界条件和重置规则。离散过程由 SHA 模型的元素 Q、E、A、H、F、P 描述,即离散状态集合、离散状态转移的触发事件、离散状态转移规则、触发事件计时器、计时器的概率分布和离散状态的概率分布。本章 3.2.1 节结合文献中的具体故障相关问题介绍连续过程与离散过程的 SHA 建模方法。

图 3.1 中,过程之间的相互作用关系用箭头表示,分为 4 类:连续过程对离散过程的影响、离散过程对连续过程的影响、离散过程与离散过程的相关和连续过程与连续过程的相关。在 SHA 模型中,连续过程对离散过程的影响可由元素 G、H、F 描述,离散过程对连续过程的影响可由元素 R、A_c 描述,离散过程与离散过程的相关可由元素 q、e、q' 描述,连续过程与连续过程的相关可由元素 G、R、A_c 描述。本章 3.2.2 节~3.2.5 节结合文献中的具体故障相关问题介绍过程相关关系的 SHA 建模方法。

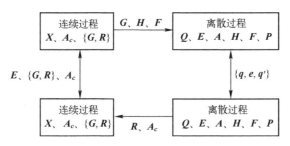

图 3.1 相关故障行为与 SHA 模型元素的对应关系

3.2.1 离散过程与连续过程

对于相关故障行为,连续过程可用于描述组件的退化过程和影响系统故障行为的连续环境变量的变化过程(如温度的变化过程),离散过程可用于描述一些影响系统故障行为的随机或周期性事件的发生过程(如外部冲击、组件的偶然失效、维修活动等)。本节以一个载荷均担系统为例,介绍连续过程和离散过程的 SHA 建模方法。

考虑一个包含两个退化型组件的载荷均担系统,组件分别记为组件 1 和组件 2,退化量表示为 $x=(x_1,x_2)$。若退化量 x_i 超过阈值 D_i,则组件 i 故障。

- 在常规工作条件下,两个组件均正常工作且共同承担某额定工作载荷。组件的退化服从低负载退化规律,由微分方程 $dx_i=f_1(t;\theta_i)dt(i=1,2)$ 表示,其中 θ_i 为退化模型参数。
- 若其中一个组件故障,则另一个组件将单独承担工作载荷,工作组件的退化服从高负载退化规律,由微分方程 $dx_i=f_2(t;\eta_i)dt(i=1,2)$ 表示,其中 η_i 为退化模型参数。
- 若两个组件均故障,则系统失效。

根据上述载荷均担系统的假设,建立描述该系统故障过程的 SHA 模型:

$$SHA=(Q,E,X,A,A_c,P,q_0,X_0,P_0) \tag{3.5}$$

SHA 模型各元素及状态转移图如图 3.2 所示。本例中,影响系统故障行为的连续过程是两个组件的退化过程,描述连续过程的 SHA 元素有 X、A_c、G、R;影响系统故障行为的离散过程是(由组件失效事件引发的)系统健康状态(故障规律)的变化过程,描述离散过程的 SHA 元素有 Q、E、A、P。如图 3.2 所示,SHA 模型各元素与连续过程和离散过程的对应关系如下:

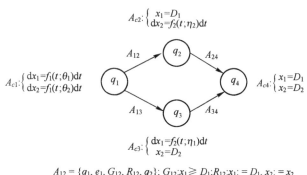

$A_{12} = \{q_1, e_1, G_{12}, R_{12}, q_2\}$; $G_{12}: x_1 \geqslant D_1, R_{12}: x_1: = D_1, x_2: = x_2$
$A_{13} = \{q_1, e_2, G_{13}, R_{13}, q_3\}$; $G_{13}: x_2 \geqslant D_2, R_{13}: x_2: = D_2, x_1: = x_1$
$A_{24} = \{q_2, e_1, G_{24}, R_{24}, q_4\}$; $G_{24}: x_2 \geqslant D_2, R_{24}: x_2: = D_2, x_1: = x_1$
$A_{34} = \{q_3, e_1, G_{34}, R_{34}, q_4\}$; $G_{34}: x_1 \geqslant D_1, R_{34}: x_1: = D_1, x_2: = x_2$

图 3.2 SHA 模型状态转移图:基于元素 Q、E、A、P 的离散过程模型与基于元素 X、A_c、G、R 的连续过程模型

- 离散状态集合 $Q = \{q_1, q_2, q_3, q_4\}$:系统共有 4 个离散状态,状态 q_1 表示两组件均正常工作,状态 q_2 表示组件 1 故障且组件 2 正常工作,状态 q_3 表示组件 1 正常工作且组件 2 故障,状态 q_4 表示两组件均故障即系统失效。

- 事件集合 $E = \{e_1, e_2\}$:影响系统故障行为的事件集合包含两个确定性事件,确定性事件 e_1 表示组件 1 发生故障,确定性事件 e_2 表示组件 2 发生故障。

- 连续状态集合 $X = \{x_1, x_2\}$:系统连续状态集合包含两个连续变量,即组件 1 的退化量 x_1 和组件 2 的退化量 x_2。

- 有向弧集合 $A = \{A_{12}, A_{13}, A_{24}, A_{34}\}$:系统离散状态之间共有 4 条有向弧,各有向弧对应的元素见图 3.2;以有向弧 A_{12} 为例,$A_{12} = \{q_1, e_1, G_{12}, R_{12}, q_2\}$ 定义了系统离散状态由状态 q_1 向状态 q_2 转移的触发事件 e_1、转移需要满足的连续变量的边界条件 $G_{12}: x_1 \geqslant D_1$、转移时对连续状态的重置 $R_{12}: x_1: = D_1, x_2: = x_2$。

- 系统连续状态变化规律集合 $A_c = \{A_{c1}, A_{c2}, A_{c3}, A_{c4}\}$:系统在各离散状态下退化量 (x_1, x_2) 的退化规律见图 3.2,当系统处在状态 q_1 时,两组件正常工作且退化量服从低负载退化规律;当系统处在状态 q_2 或 q_3 时,一个组件故障,另一个组件独立工作,此时故障组件退化量恒等于退化阈值,独立工作组件的退化量服从高负载退化规律;当系统处在状态 q_4 时,两组件均故障,且退化量恒等于退化阈值。

- 系统离散状态的转移概率矩阵 $\boldsymbol{P}=[p_{q_1}^{q_2},p_{q_1}^{q_3},p_{q_2}^{q_4},p_{q_3}^{q_4}]$（不考虑无有向弧连接的离散状态之间的转移概率）：系统状态转移概率与事件 $E=\{e_1,e_2\}$ 有关，若事件 e_1 发生，则 $\boldsymbol{P}=[1,0,0,1]$；若事件 e_2 发生，则 $\boldsymbol{P}=[0,1,1,0]$。
- 系统初始离散状态为 q_1，初始连续状态取值为 $X_0=(0,0)$。

在图 3.2 所示载荷均担系统的基础上，考虑维修活动对系统故障行为与可靠性指标的影响。假设当系统中两个组件均发生故障时，进行停机维修活动，更换所有故障组件。假设更换后的组件与原组件完全相同，维修时间为随机变量 H，随机变量 H 的概率分布为 F。

针对考虑维修活动的载荷均担系统，建立如式(3.4)所列的 SHA 模型，SHA 模型各元素定义及状态转移图见图 3.3。在本例中，影响系统故障行为的连续过程是两个组件的退化过程，描述连续过程的 SHA 元素有 X、A_c、G、R；影响系统故障行为的离散过程是（由组件失效事件或维修活动引发的）系统健康状态（故障规律）的变化过程，描述离散过程的 SHA 元素有 Q、E、A、H、F、$\boldsymbol{P}$。在本例的 SHA 模型中，元素 E、A_c、H、F、$\boldsymbol{P}$ 与离散过程的对应关系如下（其余元素同图 3.2 的 SHA 模型）：

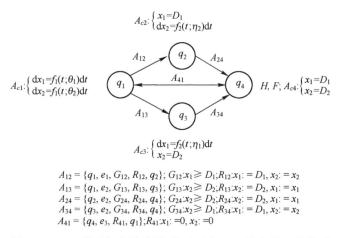

图 3.3 SHA 模型状态转移图：基于元素 H,F 的离散过程模型

- 事件集合 $E=\{e_1,e_2,e_3\}$：影响系统故障行为的事件集合包含两个确定性事件和一个随机事件，确定性事件 e_1 表示组件 1 发生故障，确定性事件 e_2 表示组件 2 发生故障，随机事件 e_3 表示维修完成。
- 有向弧集合 $A=\{A_{12},A_{13},A_{24},A_{34},A_{41}\}$：在图 3.2 所示 SHA 模型的基础上增加了系统离散状态从状态 q_4 转移到状态 q_1 的有向弧 A_{41}，$A_{41}=\{q_4,e_3,R_{41},q_1\}$ 定义了状态转移的触发事件 e_3 和重置函数 $R_{41}:x_1:=0,x_2:=0$。
- 时钟 H：系统在状态 q_4 的逗留时间为 H，当计时结束时，触发随机事件 e_3，从而引发系统离散状态由状态 q_4 转移到状态 q_1。

- 时钟的概率分布函数 F：系统在状态 q_4 的逗留时间 H 由分布函数 F 生成。
- 系统离散状态的转移概率矩阵 $\boldsymbol{P} = [p_{q_1}^{q_2}, p_{q_1}^{q_3}, p_{q_2}^{q_4}, p_{q_3}^{q_4}, p_{q_4}^{q_1}]$：系统状态转移概率与事件 $E = (e_1, e_2, e_3)$ 有关，若事件 e_1 发生，则 $\boldsymbol{P} = [1,0,0,1,0]$；若事件 e_2 发生，则 $\boldsymbol{P} = [0,1,1,0,0]$；若事件 e_3 发生，则 $\boldsymbol{P} = [0,0,0,0,1]$。

3.2.2 连续过程对离散过程的影响

在相关故障行为中，连续过程对离散过程的影响具体体现为系统连续变量(如退化量)和连续环境变量(如温度、湿度等)对离散过程(如外部冲击过程)的影响。在 SHA 模型中，这类相关关系可由元素 G、H、F 描述。其中，元素 G 可用于描述系统连续变量或连续环境变量满足一定条件时直接触发离散状态的转移，如图 3.2 中的情况；元素 H、F 可用于描述系统连续变量或连续环境变量对离散状态转移概率的影响。下文以文献[74]中的相关故障行为为例，介绍基于元素 H、F 的过程相关关系建模方法。

文献[74]研究了承受磨损和创伤性冲击的汽车轮胎的故障行为。磨损由一个退化过程描述，假设轮胎退化量为 x，退化过程服从微分方程 $dx = f(t;\theta)dt$，其中 θ 为退化模型参数。创伤性冲击导致的故障由极限冲击模型描述，假设冲击的到来服从强度为 $\lambda(x)$ 的 Cox 过程[199]。若退化过程达到退化阈值 D，则轮胎发生软失效；若创伤性冲击到来，则轮胎发生硬失效。

根据上述轮胎故障行为的描述，建立如式(3.4)所列的 SHA 模型，SHA 模型各元素定义及状态转移图见图 3.4。在本例中，影响轮胎故障行为的连续过程是轮胎的退化过程，描述连续过程的 SHA 元素有 X、A_c、R；影响轮胎故障行为的离散过程是创伤性冲击过程，描述离散过程的 SHA 元素有 Q、E、A、H、F、P；描述过程相关关系的 SHA 元素是 H、F。

如图 3.4 所示，SHA 模型各元素与连续过程、离散过程和过程相关关系的对应关系如下：

- 离散状态集合 $Q = \{q_1, q_2\}$：系统共有两个离散状态，状态 q_1 表示产品正常退化状态，该状态下轮胎有可能发生软失效；状态 q_2 表示轮胎处于硬失效状态。
- 事件集合 $E = \{e_1\}$：事件 e_1 表示创伤性冲击到来。
- 连续状态集合 $X = \{x\}$：系统连续状态 x 表示轮胎退化量。
- 有向弧集合 $A = \{A_{12}\}$：有向弧 $A_{12} = \{q_1, e_1, R_{12}, q_2\}$ 定义了系统离散状态由状态 q_1 向状态 q_2 转移的触发事件 e_1 和连续状态重置函数 $R_{12}: x := D$。
- 系统连续状态变化规律集合 $A_c = \{A_{c1}, A_{c2}\}$：系统在各离散状态下退化量 x 的退化规律见图 3.4，当系统处在状态 q_1 时，轮胎正常工作且退化量服从给定的微分方程；当系统处在状态 q_2 时，轮胎硬失效且退化量恒等于退化阈值。
- 时钟 H：确定创伤性冲击的到达时间。
- F：$\exp(\lambda(x))$：创伤性冲击的到达时间服从参数为 $\lambda(x)$ 的指数分布，其中 $\lambda(x)$ 反映了连续状态 x 对离散过程的影响。
- 系统离散状态的转移概率矩阵 $\boldsymbol{P}=[p_{q_1}^{q_2}]$：系统状态转移概率与事件 e_1 有关，若事件 e_1 发生，则 $\boldsymbol{P}=[1]$。
- 系统初始离散状态为 q_1，初始连续状态取值为 $X_0=\{0\}$。

本例所述系统的故障行为将在本章的3.4节和第四章的4.3.5节做进一步的分析。

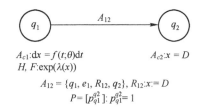

$A_{c1}:\mathrm{d}x=f(t;\theta)\mathrm{d}t$ $A_{c2}:x=D$
$H, F:\exp(\lambda(x))$
$A_{12}=\{q_1, e_1, R_{12}, q_2\}, R_{12}:x:=D$
$\boldsymbol{P}=[p_{q_1}^{q_2}]:p_{q_1}^{q_2}=1$

图3.4　SHA 模型状态转移图：基于元素 H,F 的过程相关关系模型

3.2.3　离散过程对连续过程的影响

在相关故障行为中，离散过程对连续过程的影响具体体现为离散过程（如外部冲击事件、组件偶然失效、维修活动等）对系统连续变量瞬时值（如退化量）或其变化规律（如退化率）的影响。在 SHA 模型中，这类相关关系可由元素 R,A_c 描述。其中，元素 R 可用于描述离散事件的发生对系统连续变量瞬时值的影响，元素 A_c 可用于描述离散事件的发生对系统连续变量变化规律的影响。下文以文献[2]和文献[69]中的相关故障行为为例，介绍基于元素 R,A_c 的过程相关关系建模方法。

文献[2]研究了微机电设备的相关故障行为，该设备受到两种故障过程的影响：由磨损导致的软失效和由冲击载荷导致的弹簧断裂（硬失效）。软失效过程由一个退化过程描述，假设设备的退化量为 x，退化过程服从微分方程 $\mathrm{d}x=f(t;\theta)\mathrm{d}t$，其中 θ 为退化模型参数，退化阈值为 D。硬失效过程由极限冲击模型描述，假设冲击的到来服从参数为 λ 的齐次泊松过程，若强度较小的非致命性冲击出现（冲击属于非致命性冲击的概率为 p_d），则引发设备退化量的增加，增量为 d；若强度较大的致命性冲击出现（冲击属于致命性冲击的概率为 p_f），则设备发生硬失效。

根据上述微机电设备故障行为的描述，建立如式（3.5）所列的 SHA 模型，SHA 模型各元素定义及状态转移图见图3.5。在本例中，影响设备故障行为的连续过程是设备的退化过程，描述连续过程的 SHA 元素有 X、A_c、R；影响设备故障行为的离散过程是冲击过程，描述离散过程的 SHA 元素有 Q、E、A、H、F、$\boldsymbol{P}$；描述过程相关关系的 SHA 元素是 R。

如图 3.5 所示，SHA 模型各元素与连续过程、离散过程和过程相关关系的对应关系如下：

- 离散状态集合 $Q=\{q_1,q_2\}$：系统共有两个离散状态，状态 q_1 表示设备自然退化状态，该状态下设备有可能发生软失效，状态 q_2 表示设备硬失效状态。
- 事件集合 $E=\{e_1\}$：事件 e_1 表示冲击到来。
- 连续状态集合 $X=\{x\}$：系统连续状态 x 表示设备的退化量。
- 有向弧集合 $A=\{A_{11},A_{12}\}$：有向弧 $A_{11}=\{q_1,e_1,R_{11},q_1\}$ 定义了系统离散状态由状态 q_1 向状态 q_1 转移的触发事件 e_1 和连续状态重置函数 $R_{11}:x:=x+d$；有向弧 $A_{12}=\{q_1,e_1,R_{12},q_2\}$ 定义了系统离散状态由状态 q_1 向状态 q_2 转移的触发事件 e_1 和连续状态重置函数 $R_{12}:x:=D$。
- 系统连续状态变化规律集合 $A_c=\{A_{c1},A_{c2}\}$：系统在各离散状态下退化量 x 的退化规律见图 3.5，当系统处在状态 q_1 时，设备退化量的变化服从给定的微分方程；当系统处在状态 q_2 时，设备硬失效且退化量恒等于退化阈值。
- 时钟 H：确定冲击的到达时间。
- $F:\exp(\lambda)$：冲击的到达时间服从参数为 λ 的指数分布。
- 系统离散状态的转移概率矩阵 $\boldsymbol{P}=[p_{q_1}^{q_1},p_{q_1}^{q_2}]$：系统状态转移概率与事件 e_1 有关，若事件 e_1 发生，则 $\boldsymbol{P}=[p_d,p_f]$。
- 系统初始离散状态为 q_1，初始连续状态取值为 $X_0=(0)$。

本例所述系统的故障行为将在本书 4.3.3 节做进一步的分析。

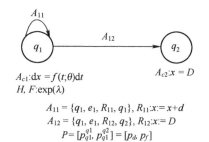

图 3.5　SHA 模型状态转移图：基于元素 R 的过程相关关系模型

文献[69]考虑了微机电设备的另一种相关故障行为，该设备受到软失效和硬失效的影响。软失效由一个退化过程描述，假设设备的退化量为 x，初始退化过程服从微分方程 $\mathrm{d}x=f_1(t,\theta)\mathrm{d}t$，其中 θ 为退化模型参数，退化阈值为 D。硬失效过程由极限冲击模型描述，假设冲击的到来服从参数为 λ 的齐次泊松过程。若强度较小的非致命性冲击到来(冲击属于该类别的概率为 p_1)，则引发设备退化量的增加，增量为 d；若强度稍大的非致命性冲击到来(冲击属于该类别的概率为 p_2)，则引发设备退化量的增加,增量为 d,同时,设备退化速率增大,退化过程服从微分方程 $\mathrm{d}x=f_2(t;\eta)\mathrm{d}t$,其中 η 为退化模型参数,退化阈值不变;若强度较大的致命性冲击到来(冲击属于该类别的概率为 p_3),则设备发生硬失效。

根据上述微机电设备故障行为的描述,建立如式(3.5)所列的 SHA 模型,SHA 模型各元素定义及状态转移图见图 3.6。在本例中,影响设备故障行为的连续过程是设备的退化过程,描述连续过程的 SHA 元素有 X、A_c、R;影响设备故障行为的离散过程是冲击过程,描述离散过程的 SHA 元素有 Q、E、A、H、F、P;描述过程相关关系的 SHA 元素是 R、A_c。

如图 3.6 所示,SHA 模型各元素与连续过程、离散过程和过程相关关系的对应关系如下:

- 离散状态集合 $Q=\{q_1,q_2,q_3\}$:系统共有 3 个离散状态,状态 q_1 表示设备自然退化状态,该状态下设备有可能发生软失效;状态 q_2 表示设备加速退化状态,该状态下设备有可能发生软失效;状态 q_3 表示设备硬失效状态。
- 事件集合 $E=\{e_1\}$:事件 e_1 表示冲击到来。
- 连续状态集合 $X=\{x\}$:系统连续状态 x 表示设备的退化量。
- 有向弧集合 $A=\{A_{11},A_{12},A_{13},A_{22},A_{23}\}$:各有向弧及其定义见图 3.6。
- 系统连续状态变化规律集合 $A_c=\{A_{c1},A_{c2},A_{c3}\}$:系统在各离散状态下退化量 x 的退化规律见图 3.6,当系统处在状态 q_1 时,设备退化量服从初始退化规律;当系统处在状态 q_2 时,设备退化量服从加速退化规律;当系统处在状态 q_3 时,设备硬失效且退化量恒等于退化阈值。
- 时钟 H:确定冲击的到达时间。
- F:$\exp(\lambda)$:冲击的到达时间服从参数为 λ 的指数分布。
- 系统离散状态的转移概率矩阵 $\boldsymbol{P}=[p_{q_1}^{q_1},p_{q_1}^{q_2},p_{q_1}^{q_3},p_{q_2}^{q_2},p_{q_2}^{q_3}]$:系统状态转移概率

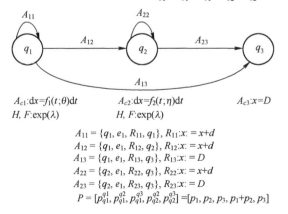

图 3.6 SHA 模型状态转移图:基于元素 R、A_c 的过程相关关系模型

与事件 e_1 有关,若事件 e_1 发生,则 $\boldsymbol{P}=[p_1,p_2,p_3,p_1+p_2,p_3]$。
- 系统初始离散状态为 q_1,初始连续状态取值为 $X_0=(0)$。

本例所述系统的故障行为将在本书4.3.4节做进一步的分析。

3.2.4 离散过程与离散过程的相关

在相关故障行为中,离散过程对离散过程的影响具体体现为离散过程(如外部冲击事件、组件偶然失效、维修活动等)对另一离散过程或该离散过程本身的影响,这类过程相关关系由SHA模型的元素 $\{q,e,q'\}$ 描述。下文以文献[57]的相关故障行为为例,介绍基于元素 $\{q,e,q'\}$ 的过程相关关系建模方法。

文献[57]提出了一种广义极限冲击模型,考虑了冲击事件的发生对硬失效过程本身的影响。假设系统承受由冲击导致的硬失效过程,冲击的到来服从参数为 λ 的齐次泊松过程,冲击载荷 W 的累积概率分布函数为 F_W。广义极限冲击模型根据冲击载荷的大小将冲击划分为3类:冲击载荷 $W \subset (0,D_1)$ 的冲击对系统没有影响;冲击载荷 $W \subset [D_2,\infty)$,$D_2 > D_1$ 的冲击会引发系统硬失效;冲击载荷 $W \subset [D_1, D_2)$ 的冲击不会直接造成系统失效,但会使硬失效阈值由初始值 D_2 降为 D_2',$D_1 < D_2' < D_2$。

根据上述系统故障行为的描述,建立如式(3.5)所列的SHA模型,SHA模型各元素定义及状态转移图见图3.7。在本例中,影响设备故障行为的离散过程是冲击过程,描述离散过程的SHA元素有 Q、E、A、H、F、P;过程相关关系通过构建离散状态 q_3 和有向弧 $A_{13}=\{q_1,e_1,q_3\}$ 和 $A_{32}=\{q_3,e_1,q_2\}$ 来描述。

如图3.7所示,SHA模型各元素与连续过程、离散过程和过程相关关系的对应关系如下:

- 离散状态集合 $Q=\{q_1,q_2,q_3\}$:系统共有3个离散状态,状态 q_1 是系统工作状态,该状态下系统硬失效阈值为 D_2;状态 q_2 是系统工作状态,该状态下系统硬失效阈值为 D_2';状态 q_3 表示系统硬失效状态。
- 事件集合 $E=\{e_1\}$:事件 e_1 表示冲击到来。
- 有向弧集合 $A=\{A_{12},A_{13},A_{32}\}$:各有向弧及其定义见图3.7。

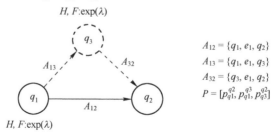

图3.7 SHA模型状态转移图:基于元素的 $\{q,e,q'\}$ 的过程相关关系模型

- 时钟 H：确定冲击的到达时间。
- $F:\exp(\lambda)$：冲击的到达时间服从参数为 λ 的指数分布。
- 系统离散状态的转移概率矩阵 $\boldsymbol{P}=[p_{q_1}^{q_2},p_{q_1}^{q_3},p_{q_3}^{q_2}]$：系统状态转移概率与事件 e_1 有关，若事件 e_1 发生，则 $\boldsymbol{P}=[1-F_W(D_2),F_W(D_2)-F_W(D_1),1-F_W(D_2')]$。
- 系统初始离散状态为 q_1。

3.2.5 连续过程与连续过程的相关

在相关故障行为中，连续过程与连续过程间的相关关系具体体现为系统连续变量（如退化量）和连续环境变量（如温度、湿度等）对其他连续变量的影响或多个连续过程因受到同一事件的影响而彼此相关的情况。在 SHA 模型中，这类相关关系可由元素 E、G、R、A_c 描述。

元素 G、R、A_c 可用于描述连续过程对其他连续过程产生直接影响的情况。例如图 3.2 所示的系统，载荷均担系统的两个组件的退化过程是彼此影响的，当一个组件的退化量达到阈值，另一组件的退化规律会因此发生改变。在图 3.2 的 SHA 模型中，考虑组件 1 的退化量先达到阈值的情况，元素 G 定义了组件 1 的退化过程触发相关关系需要满足的边界条件，元素 A_c 描述了由组件 1 退化失效引发的组件 2 退化规律的改变。

此外，元素 E、R、A_c 可用于描述多个连续过程受同一事件的影响而彼此相关的情况。其中，元素 E 可用于描述影响多个连续过程的事件，该事件的发生会触发系统离散状态的转移；元素 R、A_c 可用于描述在该事件影响下各连续变量状态和变化规律的改变。下文以同一设备内的多个组件受到相同外界冲击（如温度冲击、振动冲击等）的情况为例，介绍基于元素 E、R、A_c 的过程相关关系建模方法。

在图 3.2 组件假设的基础上，考虑一个两组件并联系统承受退化和冲击过程的情况。假设两组件退化量为 (x_1,x_2)，退化过程服从微分方程 $\mathrm{d}x_i=f(t;\theta_i)\mathrm{d}t(i=1,2)$，其中 θ_i 为退化模型参数，退化阈值为 D_i；冲击的到来服从参数为 λ 的齐次泊松过程，若非致命性冲击到来（冲击属于非致命性冲击的概率为 p_d），引发两组件退化量的增加，增量为 $d_i(i=1,2)$，若致命性冲击到来（冲击属于致命性冲击的概率为 p_f），两组件发生硬失效。

根据上述系统故障行为的描述，建立如式 (3.5) 所列的 SHA 模型，SHA 模型各元素定义及状态转移图见图 3.8。在本例中，影响系统故障行为的连续过程是组件的退化过程，描述连续过程的 SHA 元素有 X、A_c、R；影响系统故障行为的离散过程是冲击过程，描述离散过程的 SHA 元素有 Q、E、A、H、F、P；描述过程相关关系的 SHA 元素是 E、R、A_c。

如图 3.8 所示，SHA 模型各元素与连续过程、离散过程和过程相关关系的对应

关系如下:
- **离散状态集合** $Q=\{q_1,q_2\}$:系统共有两个离散状态,状态 q_1 表示系统自然退化状态,该状态下组件有可能发生软失效;状态 q_2 表示系统硬失效状态。
- **事件集合** $E=\{e_1\}$:事件 e_1 表示冲击到来。
- **连续状态集合** $X=\{x_1,x_2\}$:连续状态 x_1,x_2 表示两组件的退化量。
- **有向弧集合** $A=\{A_{11},A_{12}\}$:有向弧 $A_{11}=\{q_1,e_1,R_{11},q_1\}$ 定义了系统离散状态由状态 q_1 向状态 q_1 转移的触发事件 e_1 和连续状态重置函数 $R_{11}:x_i:=x_i+d_i$;有向弧 $A_{12}=\{q_1,e_1,R_{12},q_2\}$ 定义了系统离散状态由状态 q_1 向状态 q_2 转移的触发事件 e_1 和连续状态重置函数 $R_{12}:x_i:=D_i$。
- **系统连续状态变化规律集合** $A_c=\{A_{c1},A_{c2}\}$:两组件在各离散状态下退化量 (x_1,x_2) 的退化规律见图 3.8,当系统处在状态 q_1 时,组件退化量服从给定的微分方程;当系统处在状态 q_2 时,组件硬失效且退化量恒等于退化阈值。
- **时钟 H**:确定冲击的到达时间。
- $F:\exp(\lambda)$:冲击的到达时间服从参数为 λ 的指数分布。
- **系统离散状态的转移概率矩阵** $P=[p_{q_1}^{q_1},p_{q_1}^{q_2}]$:系统状态转移概率与事件 e_1 有关,若事件 e_1 发生,则 $P=[p_d,p_f]$。
- 系统初始离散状态为 q_1,初始连续状态取值为 $X_0=(0,0)$。

本例所述系统的故障行为将在本书 4.4 节做进一步的分析。

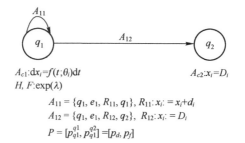

图 3.8 SHA 模型状态转移图:基于元素 E、R、A_c 的过程相关关系模型

3.3 随机混合自动机的蒙特卡罗可靠性分析方法

对于一般 SHA 模型,即式(3.4)定义的 SHA 模型,蒙特卡罗仿真分析的基本思想是:对系统连续过程(例如退化过程和连续环境变量的变化过程)和离散过程(例如冲击过程和外部事件)并行地独立仿真,并以一定的时间间隔,记为 Δt,同步更新受到相关关系影响的过程变量,从而实现相关关系作用下的系统动态仿真,蒙特卡罗仿真法的流程图见图 3.9。

第三章 基于随机混合自动机的相关故障行为建模与分析

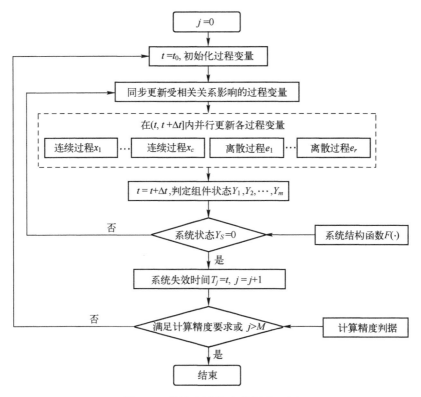

图 3.9 蒙特卡罗仿真分析流程图

如图 3.9 所示,蒙特卡罗仿真的输出是一组系统失效时间样本,蒙特卡罗仿真的终止条件是计算结果满足精度要求或仿真次数达到预设上限 M。在本书中,计算精度判据为

$$\left| \frac{T_{m(j)} - T_{m(j-1)}}{T_{m(j)}} \right| \leq \varepsilon \qquad (3.6)$$

式中:$T_{m(j)}$ 为前 j 个系统失效时间样本的均值;ε 为指定的计算精度。当计算结果满足精度要求时,系统失效时间的概率分布和系统可靠度函数可由系统失效时间样本估算得到。

3.4 液压滑阀相关故障行为建模与分析示例

3.4.1 液压滑阀的磨损与卡滞

滑阀是液压控制系统的关键组件[200],如图 3.10 所示,一副滑阀由阀芯和阀套组成,通过阀芯在阀套中的滑动控制液压油液的流动[201]。

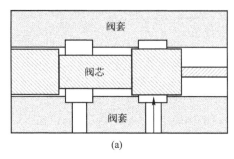 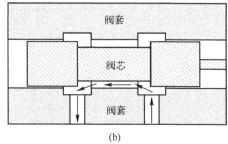

图 3.10　滑阀结构和功能图解
(a) 关闭位置;(b) 开启位置。

液压滑阀的主要失效机理有两种,一种是阀芯和阀套之间的磨损,另一种是滑阀卡滞,即阀芯卡在阀套中无法正常滑动的现象。其中,磨损机理可用物理退化模型描述,例如线性 Archard 模型[202];影响卡滞现象的因素则更加复杂多变,因此卡滞机理的建模较为复杂。根据 Sasaki 和 Yamamoto[203] 的调研,造成滑阀卡滞的一个主要原因是随油液进入滑阀间隙的污染物颗粒,这一事件可用随机冲击模型描述。污染物颗粒可能是由外部环境进入液压系统,即外部污染物,也可能是液压系统自身产生的,即内部污染物。内部污染物的主要来源之一是由滑阀磨损产生的磨屑。因此,随机冲击过程与磨损过程具有相关关系:随着磨损量的增加,更多的磨屑产生,磨屑的增多加剧了油液污染的程度,从而增大了卡滞发生的可能性[204-205]。所以,在建立滑阀可靠性模型时,应当考虑退化过程对随机冲击过程产生的影响。

另有试验数据显示,与滑阀间隙尺寸相近或远小于滑阀间隙尺寸的磨屑最有可能导致滑阀卡滞[203,206-207]。原因在于,滑阀卡滞机理可分为两类:瞬时卡滞(immediate stagnation)和累积卡滞(cumulative stagnation)。当与滑阀间隙尺寸大小相近的污染物颗粒进入滑阀间隙时,引发瞬时卡滞,如图 3.11(a) 所示。如果污染物颗粒的尺寸远小于滑阀间隙尺寸,这些污染物颗粒可以随油液进入滑阀间隙并逐渐累积形成滤饼[208]。当滤饼增长到足够大时,就会引发累积卡滞,如图 3.11(b) 所示。根据文献[206],尺寸大于滑阀间隙尺寸的污染物对卡滞机理的影响较小,因为这些污染物无法进入滑阀间隙。于是,若将污染物尺寸定义为冲击载荷,可将影响滑阀卡滞现象的随机冲击按载荷的大小划分为 3 个区域,不同区域对滑阀卡滞现象的影响不同。换句话说,滑阀所承受的是区域化的冲击。

为了准确描述上述液压滑阀的相关故障行为,本节建立一种新的多相关竞争故障过程模型,该模型重点考虑:

(1) 退化过程对冲击过程的影响,以下简称为"退化-冲击相关性";

(2) 载荷大小不同的冲击对组件故障行为的不同影响,即区域化的冲击模型。

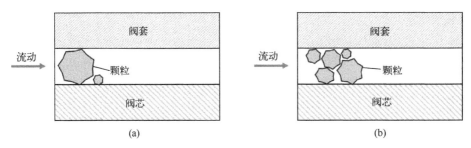

图 3.11 滑阀卡滞的两类机理：瞬时卡滞和累积卡滞
（a）瞬时卡滞；（b）累积卡滞。

3.4.2 液压滑阀相关故障行为的随机混合自动机模型

3.4.2.1 系统描述

如图 3.12 所示，考虑一个受到两个故障过程影响的系统：由退化导致的软失效过程[图 3.12（a）]和由随机冲击导致的硬失效过程。根据冲击载荷的大小，随机冲击被划分为 3 个区域：损伤区域（damage zone）、致命区域（fatal zone）和安全区域（safety zone）[70]。如图 3.12（b）所示，一次损伤区域的冲击对系统造成一次累积损伤；如图 3.12（d）所示，一次致命区域的冲击造成系统立即失效；而一次安全区域的冲击对系统故障行为没有影响。图 3.12 所示的冲击区域的划分方式仅适用于本节所研究的案例，在其他应用场合，区域化的冲击须根据具体情况定义。

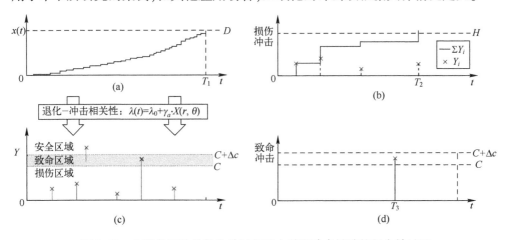

图 3.12 由退化导致的软失效过程和由随机冲击导致的硬失效过程
（a）由退化导致的软失效；（b）由损失冲击导致的硬失效；（c）随机冲击；（d）由致命冲击导致的硬失效。

如图 3.12 所示，上述两个故障过程受到"退化-冲击相关性"的影响：随机冲击的发生率与退化过程的退化量有关。下列 3 个事件中，任意事件的发生即可导致系统失效：
- 退化过程到达其阈值 D(图 3.12 中 T_1 时刻)；
- 由损伤区域的冲击带来的累积损伤到达其阈值 H(图 3.12 中 T_2 时刻)；
- 一次致命区域的冲击发生(图 3.12 中 T_3 时刻)。

其余假设：

(1) 退化过程由 Lu 和 Meeker[8] 提出的一般退化轨迹模型描述：

$$x(t) = X(t;\boldsymbol{\theta}) \tag{3.7}$$

式中：$x(t)$ 为退化量；$X(\cdot)$ 为确定性的退化轨迹，可通过故障物理分析[161]得到；向量 $\boldsymbol{\theta}$ 包含描述不确定性影响的随机参数，其分布函数为 F_θ。式(3.7)中一般轨迹模型的具体形式须根据具体的退化机理确定。

(2) 随机冲击过程由强度为 $\lambda(t)$ 的非齐次泊松过程描述，故 $(0,t]$ 区间内到达的冲击次数 $N(t)$ 服从均值为 $a(t) = \int_0^t \lambda(u)\mathrm{d}u$ 的泊松分布[209]：

$$P(N(t)=n) = \frac{e^{-a(t)}a(t)^n}{n!} \tag{3.8}$$

(3) 冲击载荷 Y_i 是独立同分布的随机变量，分布函数为 F_Y。

(4) 由损伤区域的冲击 i 造成的冲击损伤 W_i 正比于冲击载荷 Y_i，其比例系数为 α：

$$W_i = \alpha Y_i \tag{3.9}$$

(5) 引入相关因子 γ_a 描述"退化-冲击相关性"：

$$\lambda(t) = \lambda_0 + \gamma_a \cdot X(t;\boldsymbol{\theta}) \tag{3.10}$$

式中：λ_0 为非齐次泊松过程的初始强度。

注1：式(3.9)中的冲击损伤模型是一类常用的损伤模型，即假设冲击损伤与冲击载荷线性相关。相似的模型假设见文献[70, 210]。

注2：式(3.10)中关于非齐次泊松过程的强度是退化量的线性函数的假设，是基于 Mercer 模型[211]的修正假设。在 Mercer 的模型中，创伤性失效强度的表达式为 $\lambda(t)+c \cdot Z(t)$，其中 $Z(t)$ 是一个分段常退化函数。

3.4.2.2 区域化的冲击模型

当一个冲击到来时，首先根据冲击载荷确定其所属的冲击区域。令 P_1、P_2、P_3 分别表示第 i 个冲击属于损伤区域、致命区域和安全区域的概率，显然 $P_1+P_2+P_3=1$。由于冲击载荷 Y_i 是一组独立同分布的随机变量，P_1、P_2、P_3 的取值可根据 Y_i 的概率分布函数确定。

令 $N(t)$ 表示 $(0,t]$ 区间内到达的冲击总数，$N_1(t)$、$N_2(t)$、$N_3(t)$ 分别表示该时间区间内落入损伤区域、致命区域和安全区域的冲击数。根据文献[212]，若一个强度为 $\lambda(t)$ 的非齐次泊松过程能够以概率 P_1 和 P_2 被随机划分为两个子过程，且

有 $P_1+P_2=1$,那么这两个子过程可被看作是两个独立的非齐次泊松过程,其强度分别为 $P_1\lambda(t)$ 和 $P_2\lambda(t)$。这一结论同样可以被扩展到 3 个子过程的情况,故有下列命题:

命题 1:$(0,t]$ 区间内到达的损伤冲击和致命性冲击的数量 $N_1(t)$ 和 $N_2(t)$ 分别服从强度函数为 $P_1\lambda(t)$ 和 $P_2\lambda(t)$ 的非齐次泊松过程。

由命题 1 可得,$N_1(t)$ 和 $N_2(t)$ 的概率分布函数为

$$P[N_1(t)=n] = \frac{e^{-P_1 a(t)}[P_1 a(t)]^n}{n!}$$

$$P[N_2(t)=n] = \frac{e^{-P_2 a(t)}[P_2 a(t)]^n}{n!} \tag{3.11}$$

式中:$a(t)=\int_0^t \lambda(u)\mathrm{d}u$。命题 1 和式(3.11)将用于下一小节的可靠性建模。

3.4.2.3 基于传统方法的可靠性模型

本节给出基于传统可靠性分析方法建立的可靠性模型。由图 3.12 可知,系统在 t 时刻可靠工作应满足下列条件:①退化过程在 $(0,t]$ 区间内未超过其阈值 D;②$(0,t]$ 区间内没有致命性冲击发生;③$(0,t]$ 区间内由损伤冲击导致的累积损伤未超过其阈值 H。因此,由全概率公式可得系统的可靠度为

$$R(t) = \sum_{i=0}^{\infty} P(X(t;\boldsymbol{\theta}) < D, \sum_{j=1}^{N_1(t)} W_j < H, N_2(t)=0 \mid N_1(t)=i) \cdot P(N_1(t)=i) \tag{3.12}$$

为了方便阐述,令事件 E_1、E_2、E_3 分别表示 $X(t;\boldsymbol{\theta})<D$、$\sum_{j=1}^{N_1(t)} W_j < H$ 和 $N_2(t)=0$。由于"退化-冲击相关性"的影响[见式(3.10)],事件 E_1、E_2、E_3 彼此概率相关。然而,一旦 $\boldsymbol{\theta}$ 的值是确定的,这 3 个事件便是条件概率独立的。因此,由条件概率公式可得

$$R(t) = \sum_{i=0}^{\infty} \int_{\theta} P(E_1, E_2, E_3 \mid N_1(t)=i, \boldsymbol{\theta}=\boldsymbol{x}) \cdot P(N_1(t)=i \mid \boldsymbol{\theta}=\boldsymbol{x}) \cdot f_{\boldsymbol{\theta}}(\boldsymbol{x}) \mathrm{d}\boldsymbol{x} \tag{3.13}$$

式中:$f_{\boldsymbol{\theta}}(\boldsymbol{x})$ 为 $\boldsymbol{\theta}$ 的概率密度函数。考虑到 E_1、E_2、E_3 在给定 $\boldsymbol{\theta}$ 的情况下彼此条件概率独立,式(3.13)可化为

$$R(t) = \sum_{i=0}^{\infty} \int_{\theta} P(E_1 \mid A,B) \cdot P(E_2 \mid A,B) \cdot P(E_3 \mid A,B) \cdot P(A \mid B) \cdot f_{\boldsymbol{\theta}}(\boldsymbol{x}) \mathrm{d}\boldsymbol{x} \tag{3.14}$$

式中:事件 A 表示 $N_1(t)=i$,事件 B 表示 $\boldsymbol{\theta}=\boldsymbol{x}$。由式(3.14)计算可靠度,须确定表达式 $P(E_1 \mid A,B)$,$P(E_2 \mid A,B)$,$P(E_3 \mid A,B)$ 和 $P(A \mid B)$。

概率 $P(E_1 \mid A,B)$ 表示 $\boldsymbol{\theta}=\boldsymbol{x}$ 条件下 $X(t;\boldsymbol{\theta})<D$ 的概率。因为 $X(\cdot)$ 是确定性退化轨迹模型,$\boldsymbol{\theta}$ 是仅有的随机变量,故有

$$P(E_1|A,B) = \begin{cases} 1 & [X(t;\boldsymbol{x})<D] \\ 0 & [X(t;\boldsymbol{x}) \geqslant D] \end{cases} \tag{3.15}$$

概率 $P(E_2|A,B)$ 可表示为

$$P(E_2|A,B) = P\left(\sum_{j=1}^{N_1(t)} W_i < H \middle| N_1(t) = i, \boldsymbol{\theta} = \boldsymbol{x}\right) \tag{3.16}$$

若 Y_i 的概率分布确定,该式可进一步展开。

概率 $P(E_3|A,B)$ 表示在 $\boldsymbol{\theta}=\boldsymbol{x}$ 且 $N_1(t)=i$ 的条件下,致命性冲击未发生的概率。由式(3.10)和命题1,有

$$P(E_3|A,B) = \exp\left\{-P_2 \int_0^t [\lambda_0 + \gamma_a \cdot X(u;\boldsymbol{x})] \mathrm{d}u\right\} \tag{3.17}$$

式中:P_2 为到达的冲击属于致命性冲击的概率。

由式(3.11),$P(A|B)$ 可由下式计算:

$$P(A|B) = \frac{e^{-P_1\Lambda(t;\boldsymbol{x})}(P_1\Lambda(t;\boldsymbol{x}))^i}{i!} \tag{3.18}$$

式中:P_1 为到达的冲击属于损伤冲击的概率;$\Lambda(t;\boldsymbol{x})$ 可表示为

$$\Lambda(t;\boldsymbol{x}) = \int_0^t [\lambda_0 + \gamma_a \cdot X(u;\boldsymbol{x})] \mathrm{d}u \tag{3.19}$$

3.4.2.4 基于 SHA 的可靠性模型

针对3.4.1节定义的相关故障行为,建立形如式(3.4)的SHA模型,其中各元素定义如下:

- 离散状态 $q \in Q = \{1,2\}$;
- 事件集合 $E = \{e_{11}, e_{12}\}$,其中 e_{11} 表示"一次损伤冲击到来",e_{12} 表示"一次致命性冲击到来";
- 连续变量向量 $\boldsymbol{x} = \left(x, \sum W\right)^{\mathrm{T}}$ 包含系统退化量 x 和累积冲击损伤 $\sum W$;
- $A_c = (A_{c1}, A_{c2})$ 定义了连续变量在各离散状态下的变化规律,见下式:

$$A_{c1}: \begin{cases} x(t) = X(t;\boldsymbol{\theta}) \\ \sum W = \sum W \end{cases} \quad A_{c2}: \begin{cases} x(t) = D \\ \sum W = H \end{cases} \tag{3.20}$$

- $A = (A_{11}, A_{12})$ 包含 SHA 的两个有向弧 $\{1, e_{11}, G_{11}, R_{11}, 1\}$ 和 $\{1, e_{12}, G_{12}, R_{12}, 2\}$,各有向弧的事件 e、边界条件 G 和重置函数 R 如表3.1所列;
- $H = (h_{11}, h_{12})$ 表示损伤冲击的到达时间 h_{11} 和致命性冲击的到达时间 h_{12};
- $F = (F_{11}, F_{12})$ 表示 H 的概率分布函数:

$$\begin{aligned} F_{11}(h) &= 1 - \exp\left[-\int_0^h P_1 \lambda(u) \mathrm{d}u\right] \\ F_{12}(h) &= 1 - \exp\left[-\int_0^h P_2 \lambda(u) \mathrm{d}u\right] \end{aligned} \tag{3.21}$$

- $q_0 = 1, \boldsymbol{x}_0 = (0,0)^{\mathrm{T}}$

上述 SHA 模型的状态转移图如图 3.13 所示。

表 3.1 "退化-冲击相关性"MDCFP 的 SHA 模型有向弧定义

有向弧 A	始终状态(q,q')	事件 e	边界条件 G	重置函数 R
A_{11}	$(1,1)$	e_{11}	$\{t = \mathrm{rand}(h_{11})\}$	$\sum W := \sum W + \alpha Y_i, h_{11} := 0$
A_{12}	$(1,2)$	e_{12}	$\{t = \mathrm{rand}(h_{12})\}$	$x := D, \sum W := H, h_{12} := 0$

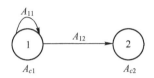

图 3.13 "退化-冲击相关性"MDCFP 的 SHA 模型状态转移图

由 3.4.1 节给出的系统故障判据可知,系统的失效时间记为 TTF,由系统退化量 x 到达阈值 D 的时间 T_1、累积冲击损伤 $\sum W$ 到达阈值 H 的时间 T_2 和致命性冲击到达时间 T_3 的最小值决定,即

$$\mathrm{TTF} = \min\{T_1, T_2, T_3\} \tag{3.22}$$

3.4.3 液压滑阀相关故障行为可靠性分析

3.4.3.1 传统可靠性模型求解算法

式(3.14)中可靠度函数的表达式十分复杂,无法获得其解析解,因此,本节提出了基于蒙特卡罗仿真的数值求解方法,伪代码见算法 3.1。

算法 3.1 传统可靠性模型的蒙特卡罗仿真算法

设置时间 t,冲击载荷样本量 M,蒙特卡罗抽样量 n;
For $j=1:n$
 由概率分布 F_θ 抽取 $\boldsymbol{\theta}_j$;
 根据式(3.7)计算 $x(t)$;
 由式(3.15)和式(3.17),分别计算 $P^j(E_1|A,B)$ 和 $P^j(E_3|A,B)$;
 由概率分布 F_Y 抽取一组 Y 的样本 $\{Y_1, Y_2, \cdots, Y_M\}$,选择其中属于损伤区域的样本重新组成集合 $\{Y_1, Y_2, \cdots, Y_m\}$;
 For $i=1:m$
  由式(3.18)和式(3.19)计算 $P_i^j(A|B)$;

提取 $\{Y_1, Y_2, \cdots, Y_m\}$ 中前 i 个元素，并计算 $\sum_{Y_k \in \{Y_1, \cdots, Y_i\}} \alpha Y_k$；

计算 $P_i^j(E_2 | A, B)$：

$$P(E_2 | A, B) = \begin{cases} 1 & \left(\sum_{Y_k \in \{Y_1, \cdots, Y_i\}} \alpha Y_k < H\right) \\ 0 & \left(\sum_{Y_k \in \{Y_1, \cdots, Y_i\}} \alpha Y_k \geq H\right) \end{cases} \quad (3.23)$$

End for

计算 $R_j(t)$：

$$R_j(t) = \sum_{i=0}^{m} P^j(E_1 | A, B) P_i^j(E_2 | A, B) P^j(E_3 | A, B) P_i^j(A | B) \quad (3.24)$$

End for

计算 $R(t)$：

$$R(t) = \frac{1}{n} \sum_{j=1}^{n} R_j(t) \quad (3.25)$$

算法 3.1 的计算时间复杂度为 $O(M \times n \times n_t) \times O_{obj}$，其中 n_t 为时间样本数，O_{obj} 是目标函数式(3.24)中 $P^j(E_1|A,B) P_i^j(E_2|A,B) P^j(E_3|A,B) P_i^j(A|B)$ 的计算时间复杂度。

3.4.3.2 基于 SHA 的可靠性分析算法

基于 3.4.2.4 节的 SHA 模型，采用蒙特卡罗仿真法生成系统失效时间样本 $\{TTF_i\}$，这些样本可用于估计系统平均故障前时间等可靠性指标，伪代码见算法 3.2。

算法 3.2 SHA 模型的蒙特卡罗仿真算法

步骤 1：设置最大仿真次数 M，初始化参数 $i=0, x=0, \sum W = 0, \tau = 0$。

步骤 2：**If** $i > M$，结束；

Else if $\left| \frac{T_{m(i)} - T_{m(i-1)}}{T_{m(i)}} \right| \leq \varepsilon$，结束；

Else 由概率分布 F_θ 生成 θ_i；

End if

步骤 3：更新非齐次泊松过程的强度函数 $\lambda(t) = \lambda_0 + \gamma_a [x + X(t - \tau)]$；

根据收缩法[209]确定强度为 $\lambda(t)$ 的非齐次泊松过程下一个冲击的到达时间 $\Delta\tau$;

设置 $T_{\max}$;计算 $\lambda_M=\lambda(T_{\max})$;$tt=\tau$;

While 1

  由指数分布 $E(\lambda_M)$ 生成一个随机数 $\Delta\tau$;$tt=tt+\Delta\tau$;

  If $tt<T_{\max}$,$p_{acc}=\lambda(tt)/\lambda_M$;以概率 p_{acc} 接受 $\Delta\tau$;返回 $\Delta\tau=tt-\tau$;

  Else $tt=T_{\max}$;增大 $T_{\max}$;计算 $\lambda_M=\lambda(T_{\max})$;**继续**;

  End if

End while

$\tau=\tau+\Delta\tau$。

步骤 4:更新退化量 $x=X(\tau;\theta_i)$;

  If $x\geqslant D$,$i=i+1$,$\mathrm{TTF}_i=X^{-1}(D;\theta_i)$,$T_{m(i)}=\dfrac{1}{i}\sum \mathrm{TTF}_i$,转至**步骤 2**;

  Else 转至**步骤 5**。

步骤 5:由概率分布 F_Y 生成 Y;

  If Y 属于损伤冲击载荷,转至**步骤 6**;

  Else if Y 属于致命性冲击载荷,$i=i+1$,$\mathrm{TTF}_i=\tau$,$T_{m(i)}=\dfrac{1}{i}\sum \mathrm{TTF}_i$,转至**步骤 2**。

步骤 6:$\sum W=\sum W+\alpha\cdot Y$;

  If $\sum W\geqslant H$,$i=i+1$,$\mathrm{TTF}_i=\tau$,$T_{m(i)}=\dfrac{1}{i}\sum \mathrm{TTF}_i$,转至**步骤 2**;

  Else 转至**步骤 3**。

3.4.4 案例应用

3.4.4.1 系统描述

本节所提出的多相关竞争故障过程可靠性模型,将被用于分析液压滑阀的相关故障行为。本次案例研究是在真实的物理背景下,阐释建模框架应用方法的数值示例。如 3.4.1 节所述,滑阀承受两种相关的故障过程,即磨损和卡滞。根据故障物理的研究,在滑阀全寿命周期内,其磨损量平滑增长,因此磨损过程可由一个线性模型描述:

$$x(t)=X(t;\varphi,\beta)=\varphi+\beta t \tag{3.26}$$

式中：初始磨损量 φ 为常数；退化率 β 为正态随机变量。

基于 3.4.1 节的分析，卡滞机理由 3.4.2.2 节给出的区域化冲击过程描述。假设污染物颗粒的出现服从强度为 $\lambda(t)$ 的非齐次泊松过程，第 i 个进入滑阀间隙的污染物颗粒的尺寸 Y_i 是概率密度函数为 $f_Y(y)$ 的独立同分布随机变量。根据图 3.11 所示的卡滞失效机理，根据 Y_i 的大小可将冲击划分到 3 个区域：

- 如果 $Y_i < C$，冲击 i 属于损伤区域；
- 如果 $C \leq Y_i < C + \Delta C$，冲击 i 属于致命区域；
- 如果 $Y_i \geq C + \Delta C$，冲击 i 属于安全区域。

式中：C 为滑阀间隙尺寸；ΔC 为临界尺寸。故第 i 个冲击属于损伤区域、致命性冲击和安全区域的概率，即 P_1、P_2、P_3，可由下式计算：

$$P_1 = \int_0^C f_Y(y) \mathrm{d}y$$
$$P_2 = \int_C^{C+\Delta c} f_Y(y) \mathrm{d}y \qquad (3.27)$$
$$P_3 = \int_{C+\Delta c}^{\infty} f_Y(y) \mathrm{d}y$$

此外，由于磨损过程产生的磨屑是油液污染物的来源之一，磨损程度的加剧会间接造成污染物颗粒出现率的增加，磨损机理与卡滞机理之间存在"退化-冲击相关性"[203-204]。在本例中，"退化-冲击相关性"由式（3.10）描述，由磨损过程模型式（3.26）、式（3.10）可化为

$$\lambda(t) = \lambda_0 + \gamma_a \cdot (\varphi + \beta t) \qquad (3.28)$$

基于上述模型假设，由传统可靠性模型，即式（3.14），通过算法 3.1 可估算滑阀可靠度；由 3.4.2.4 节建立的 SHA 模型，通过算法 3.2 可获得滑阀失效时间的概率分布。

3.4.4.2 结果和讨论

在本节中，传统可靠性模型和蒙特卡罗仿真算法（算法 3.1）被用于滑阀可靠性评估。本例中，各模型参数由专家估计给出，见表 3.2。在实际应用中，退化过程和冲击过程模型参数，如初始退化量 φ 和退化率 β，可由统计数据确定。

表 3.2 滑阀可靠性模型的参数取值

参数/概率分布	描述	取值
φ	初始磨损量	0mm
β	磨损率	$N(1\times10^{-4}, 1\times10^{-5})$ mm/s
D	磨损阈值	5mm
$F_Y(y)$	颗粒大小分布函数	$N(1.2, 0.2)$

续表

参数/概率分布	描 述	取 值
α	冲击损伤比例系数	1
H	累积冲击损伤阈值	7.5mm
$[C, C+\Delta c]$	致命性冲击载荷范围	$[1.5, 1.6]$mm
λ_0	随机冲击的初始强度	2.5×10^{-5}/s

仿真样本参数　　$n=1000, M=200, n_t=1000, t=[0, 6\times 10^4]$s
相关系数　　$\gamma_a = 0, 10^{-5}, 10^{-4}, 10^{-3}$

为研究滑阀的故障行为,对比计算相关因子取不同水平时($\gamma_a = 0, 1\times 10^{-5}, 1\times 10^{-4}, 1\times 10^{-3}$)的滑阀可靠度曲线,结果见图 3.14。结果显示,滑阀可靠度随着相关系数 γ_a 的降低而升高。当 $\gamma_a = 0$ 时,即两个故障过程之间没有相关关系的情况,滑阀可靠度 $R(t)$ 相对最高。这一现象的主要原因在于磨损机理与卡滞机理的相关关系作用机制:随着滑阀磨损的加剧,越来越多的磨屑进入到油液当中,引发卡滞的颗粒的出现率逐渐增大,因此磨损过程加剧了卡滞机理的发生,也就是说,这两种机理间存在着正相关的关系。上述分析为提升滑阀可靠性提供了一种思路,如果可以降低故障过程之间的相关程度,就能够提升滑阀的可靠性。在实际中,可通过安装过滤器净化油液,减少油液中的污染物,这样可以控制磨损和卡滞间的相互作用,从而提升滑阀可靠性。

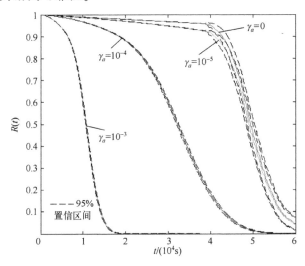

图 3.14　相关因子 γ_a 对滑阀可靠度的影响

此外,由图 3.14 可以看出,当 γ_a 取值相对较小时,滑阀可靠度在早期变化平缓,并在大约 4×10^4s 时快速减小。随着 γ_a 取值的增大,可靠度曲线逐渐变得均匀递减。当 γ_a 取值相当大时（$\gamma_a = 10^{-3}$），可靠度曲线的下降速度更快。引发这一现象的主要物理和数学因素有：

（1）取值较小的 γ_a 意味着两种故障过程几乎相互独立。在这种情况下，滑阀将会经历两阶段的不同故障行为。当 t 较小时，由于磨损变量远小于其失效阈值，磨损失效几乎不会发生，因此，滑阀的故障行为主要由卡滞机理决定。由于卡滞的发生率相对较低，早期的滑阀可靠度相对较高，如可靠度曲线的第一阶段所示。随着 t 的增大，磨损量接近阈值，滑阀失效极有可能由磨损导致。另一方面，由于 γ_a 值较小，由式(3.28)，卡滞现象的发生率几乎没有变化，滑阀的故障行为则由磨损过程决定，如可靠度曲线自 $t = 4 \times 10^4 \text{s}$ 开始的第二阶段所示。

（2）当 γ_a 取值相对较大时，磨损过程对冲击过程影响较大。即使在初期磨损量较小时，由于两种故障过程间的正相关关系，滑阀的失效率也相对较高。因此，相比于故障过程相互独立的情况，滑阀的可靠度曲线并没有表现出明显的阶段变化，而是表现出较为平稳的下降规律。

（3）当 γ_a 继续增大，由于磨损和卡滞机理间的强相关关系，滑阀的可靠度随时间快速下降。因此，在滑阀寿命周期的早期，由于磨损带来的强相关作用，滑阀也可能承受较高风险的卡滞失效。

3.4.4.3 模型扩展

实际上，故障过程之间的相关关系通常十分复杂。例如，随着磨损的加剧，越来越多的磨屑产生，冲击过程的强度不仅和磨损量相关，还和累积冲击损伤 $\sum W$ 相关。此外，磨屑的大小和滑阀的磨损程度相关，磨损的速率和累积冲击损伤有关，即"冲击-退化相关性"。在本节中，将考虑更为复杂的故障过程相关关系，并将 3.4.3.2 节提出的 SHA 模型的蒙特卡罗仿真算法（算法 3.2）用于复杂相关关系作用下的滑阀可靠性分析。

在 3.4.2.1 节给出的系统假设的基础上，增加下列假设：

（1）污染物颗粒到达过程的强度函数 $\lambda(t)$ 与磨损量 $x(t)$ 和累积冲击损伤 $\sum W$ 相关：

$$\lambda(t) = \lambda_0 + \gamma_a x(t) + \gamma_b \sum W \tag{3.29}$$

式中：γ_a、γ_b 为相关因子；λ_0 为冲击过程的初始强度。

（2）污染物颗粒尺寸分布 $F_Y(y)$ 的均值，记为 $\mu_Y(t)$，是磨损量 $x(t)$ 的函数：

$$\mu_Y(t) = \mu_{Y_0} + \gamma_c \cdot x(t) \tag{3.30}$$

式中：γ_c 为相关因子；μ_{Y_0} 为 $\mu_Y(t)$ 在零时刻的初始值。

（3）式(3.26)中的磨损速率 β 是累积冲击损伤 $\sum W$ 的函数：

$$\beta = \beta_0 + \gamma_d \cdot \sum W \tag{3.31}$$

式中：γ_d 为相关因子。

上述假设中，假设（1）和假设（2）描述的是退化过程对冲击过程的影响，即"退化-冲击相关性"，具体表现为冲击过程的强度和冲击载荷的概率分布与退化过程有关；假设（3）则描述了冲击过程对退化过程的影响，即"冲击-退化相关性"，具体表现为退化速率与累积冲击损伤有关。

考虑上述相关关系的蒙特卡罗仿真算法见算法3.3。

算法3.3　复杂相关关系下滑阀可靠性分析的蒙特卡罗仿真算法

步骤1：设置最大仿真次数 M，初始化参数 $i=0, x=0, \sum W=0, \tau=0$。

步骤2：**If** $i>M$，**结束**；

Else if 式(2.6)满足，**结束**；

Else 由概率分布 F_β 生成 β_s；

End if。

步骤3：更新非齐次泊松过程的强度 $\lambda(t) = \lambda_0 + \gamma_a \left[x + \left(\beta_s + \gamma_d \cdot \sum W \right) \cdot (t-\tau) \right] + \gamma_b \sum W$。

根据收缩法[209]确定强度为 $\lambda(t)$ 的非齐次泊松过程下一个冲击的到达时间 $\Delta\tau$：

设置 $T_{\max}$；计算 $\lambda_M = \lambda(T_{\max})$；$tt = \tau$；

While 1

　　由指数分布 $E(\lambda_M)$ 生成一个随机数 $\Delta\tau$；$tt = tt + \Delta\tau$；

　　If $tt < T_{\max}$，$p_{acc} = \lambda(tt)/\lambda_M$；以概率 p_{acc} 接受 $\Delta\tau$；返回 $\Delta\tau = tt - \tau$；

　　Else $tt = T_{\max}$；增大 $T_{\max}$；计算 $\lambda_M = \lambda(T_{\max})$；**继续**；

　　End if

End while

$\tau = \tau + \Delta\tau$。

步骤4：更新退化量 $x = x + \left(\beta_s + \gamma_d \cdot \sum W \right) \Delta\tau$；

If $x \geq D$，$i = i+1$，$t_f(i) = (D-x)/\left(\beta_s + \gamma_d \cdot \sum W \right) + \tau$，$T_{m(i)} = \dfrac{1}{i}\sum \mathrm{TTF}_i$，转至**步骤2**；

Else 转至**步骤5**。

步骤 5：$\mu_Y = \mu_{Y_0} + \gamma_c \cdot x$；生成 $Y \sim N(\mu_Y, \sigma_Y^2)$

If $Y < C$，转至**步骤 6**；

Else if $Y < C + \Delta C$, $i = i+1, t_f(i) = \tau, T_{m(i)} = \dfrac{1}{i} \sum \text{TTF}_i$，转至**步骤 2**。

步骤 6：$\sum W = \sum W + \alpha \cdot Y$；

If $\sum W \geqslant H$, $i = i+1, \text{TTF}_i = \tau, T_{m(i)} = \dfrac{1}{i} \sum \text{TTF}_i$，转至**步骤 2**；

Else 转至**步骤 3**。

图 3.15~图 3.17 展示了相关因子 γ_a、γ_b、γ_c 对滑阀可靠度的影响。如图 3.15 所示，当 γ_b 从 0 到 10^{-3} 变化时，滑阀可靠度显著下降。这是由于 γ_b 度量了累积冲击损伤 $\sum W$ 对磨屑到达过程强度的影响，如式(3.29)所列。随着 $\sum W$ 的增加，更多的冲击产生，增大了硬失效的概率，因此 γ_b 对滑阀可靠度有显著影响。

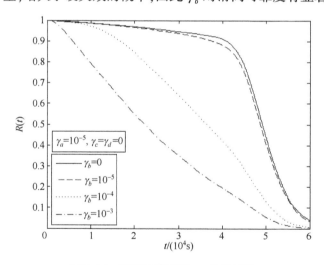

图 3.15　滑阀可靠度对 γ_b 的敏感性

如图 3.16 所示，当 γ_c 从 0 到 10^{-3} 变化时，滑阀可靠度几乎没有明显变化。这是由于 γ_c 度量了磨损量 $x(t)$ 对磨屑尺寸分布均值 $\mu_Y(t)$ 的影响，如式(3.30)所示。在本例中，$\mu_Y(t)$ 的初始值处在损伤冲击区域；随着 $x(t)$ 的增长，$\mu_Y(t)$ 首先进入致命性冲击区域，随后进入安全区域。当 $x(t)$ 相对较小时，其对 $\mu_Y(t)$ 的影响微乎其微。然而，当 $x(t)$ 足够大时，由于 $\mu_Y(t)$ 已经进入安全区域，大多数随机冲击会属于安全区域，在这一阶段的滑阀失效主要由退化过程主导。因此，滑阀可靠性

对 γ_c 并不敏感,所以在滑阀的可靠性模型中,γ_c 的影响可以忽略不计。

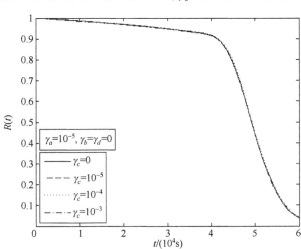

图 3.16　滑阀可靠度对 γ_c 的敏感性

如图 3.17 所示,当 γ_d 从 0 到 10^{-3} 变化时,滑阀可靠度显著下降。这是由于 γ_d 度量了累积冲击损伤 $\sum W$ 对退化率 β 的影响,如式(3.31)所示。由式(3.31),随着 γ_d 的增长,退化过程不断加快,而在"退化-冲击相关性"的作用下,退化过程的加剧又引发更多的随机冲击[式(3.29)]。因此,滑阀可靠度在相互增强的相关关系作用下显著降低。

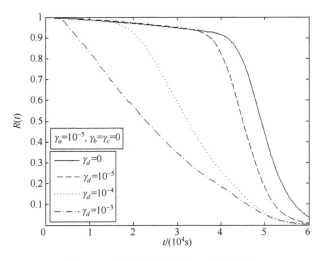

图 3.17　滑阀可靠度对 γ_d 的敏感性

3.5 本章小结

本章基于随机混合自动机理论,给出一种相关故障行为建模的通用方法。该方法将影响单元或系统相关故障行为的过程抽象为离散过程与连续过程,将相关故障行为抽象为4类:离散过程对连续过程的影响、离散过程对离散过程的影响、连续过程对离散过程的影响以及连续过程对连续过程的影响,并分别讨论故障行为的建模方法。针对相关故障行为影响下的可靠性分析问题,给出一种基于蒙特卡罗仿真的分析方法。最后,通过一些文献中常见的建模案例,验证所提建模方法的通用性;通过一个航空液压滑阀的真实案例,验证所提建模与分析方法的有效性。

第四章

随机混合自动机模型的半解析分析方法

第三章给出一种基于蒙特卡罗仿真的相关故障行为随机混合自动机模型的分析方法。众所周知,蒙特卡罗仿真的精度与样本量的平方根成反比。因此,利用蒙特卡罗仿真进行可靠性分析,对计算量的要求是非常大的。事实上,当随机混合系统模型满足一定的条件时,这一模型即成为一个随机混合系统(stochastic hybrid systems,SHS)。当系统的相关故障行为可用随机混合系统模型描述时,系统故障状态和可靠度可由一种半解析的方法分析计算,该方法简称"半解析法"。相较于蒙特卡罗仿真方法,半解析法可以节约大量的计算量。在本章中,基于随机混合系统理论,构建了相关故障行为随机混合系统模型的半解析建模与分析方法,并分别以典型的多相关竞争故障过程(MDCFP)和系统共因失效两类相关故障行为为背景,给出了应用示例。

4.1 随机混合系统理论

如同随机混合自动机模型,随机混合系统模型的模型结构灵活,针对不同问题所建立的随机混合系统模型的组成元素会有一定的差别。本书所采用的随机混合系统模型来自文献[213-214]。

如同随机混合自动机,随机混合系统的状态空间包含离散状态和连续状态:
- 令 $q(t)$,$q(t) \in Q$ 表示系统的离散状态,$Q = \{q_1, q_2, \cdots, q_n\}$ 是系统所有可能的离散状态的有限集合;
- 令 $\boldsymbol{x}(t) = \{x_1, \cdots, x_l, x_{l+1}, \cdots, x_c\}^T$ 表示系统的连续状态,其中 $\{x_1, \cdots, x_l\}$ 表示系统内的 l 个退化变量,$\{x_{l+1}, \cdots, x_c\}$ 表示影响系统故障行为的 $c-l$ 个连续环境变量。

随机混合系统模型的定义基于下列假设:
(1) 系统连续状态随时间的变化服从一组随机微分方程:
$$\mathrm{d}x(t) = f(q(t), x(t))\mathrm{d}t + g(q(t), x(t))\mathrm{d}w_t \qquad (4.1)$$

式中:$w_t:\mathbb{R}^+\to\mathbb{R}^k$为一个$k$维的维纳过程;函数$f:Q\times\mathbb{R}^c\to\mathbb{R}^c$,$g:Q\times\mathbb{R}^c\to\mathbb{R}^{c\times k}$。

(2) 在任意时刻t,若系统状态为$(q(t),x(t))$,系统离散状态的转移率为$\lambda_{ij}(q(t),x(t)):Q\times\mathbb{R}^c\to\mathbb{R}^+$,$i,j\in Q$;即系统离散状态在时间区间$[t,t+\Delta t]$内从状态$q_i$转移到状态$q_j$的概率为

$$\lambda_{ij}(q(t),x(t))\Delta t+o(\Delta t) \qquad (4.2)$$

(3) 当系统离散状态从状态q_i向状态q_j转移时,系统离散状态$q(t)$和连续状态$x(t)$依照重置映射函数$\phi_{ij}(q(t),x(t))$执行同步重置:

$$(q(t),x(t))=\phi_{ij}(q(t^-),x(t^-)) \qquad (4.3)$$

式中:$q(t^-)$,$x(t^-)$分别为函数$q(\cdot)$和$x(\cdot)$在t处的左极限。

图4.1展示了一个简单随机混合系统模型的状态转移图。

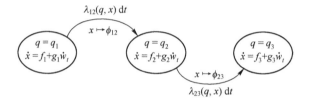

图4.1 随机混合系统模型状态转移图示例

针对上述随机混合系统模型,文献[214]提出了连续变量条件期望$E[x_j^p(t)|q(t)=q_i]$,$q_i\in Q$,$(j=1,2,\cdots,c)$的半解析计算方法,其中$x_j(t)$为$x(t)$的第j个元素,$p\in\mathbb{N}$是连续变量的阶数。

定义测试函数:

$$\psi_i^{(m)}(q,x)=\begin{cases}x^m & (q=q_i)\\ 0 & (q\neq q_i)\end{cases} \qquad (4.4)$$

式中:$m:=(m_1,m_2,\cdots,m_c)$,$m\in\mathbb{N}^c$;$x^m:=x_1^{m_1}x_2^{m_2}\cdots x_c^{m_c}$。

记x的m阶条件矩(conditional moment)为

$$\mu_i^{(m)}(t):=E[\psi_i^{(m)}(q,x)]=E[x^m|q(t)=q_i]\cdot\Pr\{q(t)=q_i\} \qquad (4.5)$$

若测试函数$\psi(q(t),x(t))$,$\psi:Q\times\mathbb{R}^c\to\mathbb{R}$,关于$x$二阶连续可微,则其期望的变化规律符合Dynkin公式[214]:

$$\frac{dE[\psi(q(t),x(t))]}{dt}=E[(L\psi)(q(t),x(t))] \qquad (4.6)$$

式中,$(L\psi)(q,x)$为随机混合系统的扩展生成函数(extended generator),对$\forall(q,x)\in Q\times\mathbb{R}^c$,$(L\psi)(q,x)$的表达式为

$$(L\psi)(q,x) := \frac{\partial \psi(q,x)}{\partial x} f(q,x) + \frac{1}{2} \mathrm{trace}\left(\frac{\partial^2 \psi(q,x)}{\partial x^2} g(q,x) g(q,x)'\right)$$
$$+ \sum_{i,j \in Q} \lambda_{ij}(q,x)(\psi(\phi_{ij}(q,x)) - \psi(q,x)) \tag{4.7}$$

式中:$\partial \psi/\partial x$ 和 $\partial^2 \psi/\partial x^2$ 分别为测试函数 $\psi(q,x)$ 关于 x 的梯度和 Hessian 矩阵;trace(A) 为矩阵 A 的迹,即矩阵主对角线上的元素之和。

将式(4.4)代入式(4.6),得到一组关于 $\mu_i^{(m)}(t), q_i \in Q, m \in \mathbb{N}^c$ 的微分方程:

$$\mathrm{d}\mu_i^{(m)}(t) = E[L(\psi_i^{(m)})(q(t),x(t))] \cdot \mathrm{d}t \tag{4.8}$$

$\mu_i^{(m)}(t)$ 可通过求解式(4.8)得到。通过指定 m 的值,可以获得连续变量的各阶条件矩:

(1) 若令 $m = (0,0,\cdots,0)$,则有
$$\mu_i^{(0,0,\cdots,0)}(t) = \Pr\{q(t) = q_i\} \quad (q_i \in Q) \tag{4.9}$$

(2) 若令
$$m = [m_1, m_2, \cdots, m_l] : \begin{cases} m_j = p & (j = k, k \in \{1,2,\cdots,c\}) \\ m_j = 0 & (j \neq k) \end{cases} \tag{4.10}$$

式中:m_j 为 m 第 j 个元素,p 为自然数,则有
$$\mu_i^{(m)}(t) = E[x_k^p(t) \mid q(t) = q_i] \cdot \Pr\{q(t) = q_i\}, q_i \in Q \tag{4.11}$$

条件期望 $E[x_j^p(t) \mid q(t) = q_i], p \in \mathbb{N}, q_i \in Q(j = 1,2,\cdots,c)$ 可由式(4.8)、式(4.9)和式(4.11)得到。

4.2 相关故障行为的随机混合系统建模与分析方法

当所研究的相关故障行为可用随机混合系统模型描述时,可采用半解析法进行系统可靠度评估。对于3.2节考虑的由 l 个退化型组件和 $s-l$ 个非退化型组件构成的系统,基于下列假设建立随机混合系统模型:

(1) 退化型组件的退化量和连续环境变量由连续状态 $\boldsymbol{x}(t) = (x_1, x_2, \cdots, x_c)^\mathrm{T}$ 描述,其变化规律服从式(4.1)所列的随机微分方程;

(2) 退化量 $(x_1, x_2, \cdots, x_l)$ 所对应的失效阈值为 $(H_1, H_2, \cdots, H_l)$,当且仅当 $x_i \geq H_i(i = 1, \cdots, l)$ 时,退化型组件 i 发生软失效;

(3) 系统的离散状态 $q(t) \in Q$ 反映了系统不同的健康状态,系统离散状态的转移由转移率 $\lambda_{ij}(q(t),x(t)): Q \times \mathbb{R}^c \to \mathbb{R}^+, q_i, q_j \in Q$ 描述;

(4) 当系统的离散状态从 q_i 向 q_j 转移时,系统离散状态和连续状态按照重置映射函数 $\phi_{ij}(q(t),x(t))$ 进行同步重置;

（5）系统为不可修系统，即系统离散状态（健康状态）不会发生从较差健康状态向较好健康状态的转移。

在随机混合系统模型中，故障过程之间的相互作用通过离散状态的转移实现，其可能的表现形式如3.2节所述。因此，当给定系统离散状态时，故障过程之间是概率条件独立的，故系统可靠度可以表示为

$$R(t) = \sum_{i=1}^{n} P(q(t) = q_i) G(R_1(t;q_i), \cdots, R_s(t;q_i)) \qquad (4.12)$$

式中：$G(\cdot)$ 为故障独立性假设下系统可靠度关于组件可靠度的函数，即式（3.3）；$R_j(t;q_i)$ $(j=1,\cdots,s)$，为当系统离散状态为 q_i 时组件 j 的条件可靠度。对于非退化型组件，即 $j=l+1,\cdots,s$，若 $q=q_i$ 对应于组件 j 的正常状态，则 $R_j(t;q_i)=1$；若 $q=q_i$ 对应于组件 j 的失效状态，则 $R_j(t;q_i)=0$。而对于退化型组件，即 $j=1,\cdots,l$，$R_j(t;q_i)$ 可由下式计算：

$$R_j(t;q_i) = P(x_j(t) < H_j | q(t) = q_i) \qquad (4.13)$$

由式（4.1）可知，系统连续变量服从维纳过程，因此连续变量 x_i 在任意时刻 t 均服从正态分布。令 $\mu_{x_j|q_i}(t)$ 和 $\sigma_{x_j|q_i}(t)$ 分别为连续变量在时刻 t，$q=q_i$ 条件下的均值和标准差，由一次二阶矩法（first order second moment，FOSM）[215]，退化型组件的条件可靠度 $R_j(t;q_i)$ 可由下式近似计算：

$$R_j(t;q_i) \approx \Phi\left(\frac{H_j - \mu_{x_j|q_i}(t)}{\sigma_{x_j|q_i}(t)}\right) \quad (j=1,2,\cdots,l) \qquad (4.14)$$

式中：$\Phi(\cdot)$ 为标准正态分布函数。

综上所述，考虑故障过程相关的系统可靠度可由下式估算：

$$R(t) \approx \sum_{i=1}^{n} P(q(t) = q_i) \cdot G\left(\Phi\left(\frac{H_1 - \mu_{x_1|q_i}(t)}{\sigma_{x_1|q_i}(t)}\right), \cdots, \Phi\left(\frac{H_l - \mu_{x_l|q_i}(t)}{\sigma_{x_l|q_i}(t)}\right),\right.$$
$$\left. R_{l+1}(t;q_i), \cdots, R_s(t;q_i)\right) \qquad (4.15)$$

其中，离散状态的概率分布 $P(q(t)=q_i)$、退化型组件退化量的条件期望 $\mu_{x_j|q_i}(t)$ 和条件标准差 $\sigma_{x_j|q_i}(t)$ 可由下式计算：

$$\begin{cases} \hat{\mu}_{x_j|q_i}(t) = E[x_j(t) | q(t)=q_i] = \dfrac{\mu_i^{(m*j)}(t)}{\Pr(q(t)=q_i)} = \dfrac{\mu_i^{(m*j)}(t)}{\mu_i^{(0,0,\cdots,0)}(t)} \\ \hat{\sigma}_{x_j|q_i}(t) = \sqrt{E(x_j(t)^2 | q(t)=q_i) - (E(x_j(t) | q(t)=q_i))^2} \\ \qquad = \sqrt{\dfrac{\mu_i^{(m**j)}(t)}{\mu_i^{(0,0,\cdots,0)}(t)} - \left(\dfrac{\mu_i^{(m*j)}(t)}{\mu_i^{(0,0,\cdots,0)}(t)}\right)^2} \quad (i \in \{1,2,\cdots,n\}) \end{cases} \qquad (4.16)$$

式中,$m^{*,j}$和$m^{**,j}$定义为

$$m^{*,j} = [m_1, m_2, \cdots, m_l] : m_k = 1 \quad (k=j), \quad m_k = 0 \quad (k \neq j)$$
$$m^{**,j} = [m_1, m_2, \cdots, m_l] : m_k = 2 \quad (k=j), \quad m_k = 0 \quad (k \neq j)$$
(4.17)

4.3 典型多相关竞争故障过程的随机混合系统建模与分析方法

4.3.1 典型多相关竞争故障过程的随机混合系统模型

基于随机混合系统的多相关竞争故障过程建模包含退化过程建模、冲击过程建模和过程相关关系建模3个部分,基本假设如下:

假设1:退化过程由连续状态$x(t) = (x_1(t), x_2(t), \cdots, x_l(t)) \in \mathbb{R}^l$描述。$x(t)$各退化变量$x_i(t)$,$1 \leq i \leq l$,的自然退化过程相互独立。当下式中的条件满足时,软失效发生:

$$\exists i \in \{1, 2, \cdots, l\}, x_i(t) > H_i \tag{4.18}$$

式中:H_i为退化变量$x_i(t)$的失效阈值。

假设2:系统共有n个可能的健康状态,由$q(t) \in Q, Q = \{1, 2, \cdots, n\}$表示,其中$q(t)$为系统的离散状态(反映了系统在$t$时刻的健康状态),$Q$为系统离散状态的有限集合;当$q(t) = n$时,硬失效发生。

假设3:系统离散状态的转移由随机冲击触发,冲击的出现率即离散状态的转移率函数记为$\lambda_{ij}(q(t), x(t))(i, j \in Q)$。在时间区间$[t, t+\Delta t]$内,系统离散状态由状态$i$转移至状态$j$的概率由式(4.2)确定。

假设4:当系统离散状态停留在某一状态时,退化过程$x(t)$的变化规律由随机微分方程式(4.1)描述。对于$q(t) = 1, 2, \cdots, n-1$,当$q(t)$取不同状态时,连续状态的变化规律(即随机微分方程中的函数$f(\cdot)$和$g(\cdot)$)可随系统健康状态的变化而发生改变。当$q(t) = n$时,系统处于硬失效状态,规定此状态下$x(t) = 0$。

假设5:系统离散状态发生转移时,状态$q(t)$和$x(t)$进行同步重置,重置映射函数如式(4.3)。

假设6:系统失效可能是软失效或硬失效,系统的失效时间取决于最先发生的故障。

假设7:系统为不可修系统,即系统离散状态(健康状态)不会发生从较差健康状态向较好健康状态的转移。

基于上述假设,建立多相关竞争故障过程的随机混合系统模型分为以下步骤:
步骤1 退化过程建模:首先识别系统的退化特征并提取退化变量$x(t)$,采用

式(4.1)中的随机微分方程描述其变化规律的确定性和随机性特征。其中,确定性特征通常由退化物理分析确定(通常采用故障物理模型),随机特性则由维纳过程描述。

步骤2 冲击过程建模:在随机混合系统模型中,随机冲击的到来触发系统离散状态的转移,转移率 $\lambda_{ij}(q(t),x(t))$ ($i,j \in Q$) 由相似产品的历史数据或专家经验确定。

步骤3 过程相关关系建模:在随机混合系统模型中,过程相关关系建模的方式比较灵活。例如,通过定义重置映射函数 $\phi_{ij}(q,x)$ 和各离散状态下退化量的退化规律(函数 f_i 和 g_i),描述随机冲击对退化过程的影响;又如,通过定义冲击过程的转移率 λ 关于单元状态 $x(t)$ 和 $q(t)$ 的函数关系,描述退化过程对冲击过程的影响或冲击过程对自身的影响。

需要注意的是,求解随机混合系统模型有时会用到文献[214]中提出的"截断方法",例如本章4.3.5节的案例,该方法的适用条件是:随机混合系统模型中的函数 f_i、g_i、λ_{ij}、ϕ_{ij} ($i,j \in Q$) 须是连续变量 $x(t)$ 的多项式函数。

4.3.2 典型多相关竞争故障过程的可靠性分析

4.3.2.1 连续变量的条件期望

由4.2节式(4.15)和式(4.16)可知,采用"半解析法"求解系统可靠度需要用到系统连续变量的条件期望。在多相关竞争故障过程的背景下,系统各退化变量的条件期望表示为 $E[x_j^p(t) | q(t)=i]$ ($i \in Q; j=1,2,\cdots,l$),其中 $x_j(t)$ 为 $x(t)$ 的第 j 个元素,$p \in \mathbb{N}$ 为退化变量的阶数。本节介绍 $E[x_j^p(t) | q(t)=i]$ 的计算方法。

定义测试函数:

$$\psi_i^{(m)}(q,x) = \begin{cases} x^m & (q=i) \\ 0 & (q \neq i) \end{cases} \quad (4.19)$$

式中: $m:=(m_1,m_2,\cdots,m_l)$, $m \in \mathbb{N}^l$, $x^m:=x_1^{m_1}x_2^{m_2}\cdots x_l^{m_l}$。

记 x 的 m 阶条件矩为

$$\mu_i^{(m)}(t) := E[\psi_i^{(m)}(q,x)] = E[x^m(t) | q(t)=i] \cdot \Pr\{q(t)=i\} \quad (4.20)$$

若测试函数 $\psi(q(t),x(t))$,$\psi: Q \times \mathbb{R}^l \to \mathbb{R}$,关于 x 二阶连续可微,则其期望的变化规律符合Dynkin公式[214]:

$$\frac{dE[\psi(q(t),x(t))]}{dt} = E[(L\psi)(q(t),x(t))] \quad (4.21)$$

式中:$(L\psi)(q,x)$ 为随机混合系统的扩展生成函数,对 $\forall(q,x) \in Q \times \mathbb{R}^l$:

$$(L\psi)(q,x) := \frac{\partial \psi(q,x)}{\partial x} f(q,x) + \frac{1}{2}\text{trace}\left(\frac{\partial^2 \psi(q,x)}{\partial x^2} g(q,x) g(q,x)'\right)$$

$$+ \sum_{i,j \in Q} \lambda_{ij}(q,x)(\psi(\phi_{ij}(q,x)) - \psi(q,x))$$

(4.22)

式中:$\partial \psi/\partial x$ 和 $\partial^2 \psi/\partial x^2$ 分别为测试函数 $\psi(q,x)$ 关于 x 的梯度和 Hessian 矩阵;trace(A) 为矩阵 A 的迹,即矩阵主对角线上的元素之和。

将式(4.19)代入式(4.21),得到一组关于 $\mu_i^{(m)}(t), i \in Q, m \in \mathbb{N}^l$ 的微分方程:

$$d\mu_i^{(m)}(t) = E[L(\psi_i^{(m)})(q(t), x(t))] \cdot dt \quad (4.23)$$

$\mu_i^{(m)}(t)$ 可由式(4.23)求解得到,通过指定 m 的值,可以获得相应的退化变量条件矩:

(1) 若令 $m = (0, 0, \cdots, 0)$,则有

$$\mu_i^{(0,0,\cdots,0)}(t) = \Pr\{q(t) = i\} \quad (i \in Q) \quad (4.24)$$

(2) 若令

$$m = [m_1, m_2, \cdots, m_l] : \begin{cases} m_j = p & (j = k, k \in \{1, 2, \cdots, l\}) \\ m_j = 0 & (j \neq k) \end{cases} \quad (4.25)$$

式中:m_j 为 m 第 j 个元素;p 为自然数,则有

$$\mu_i^{(m)}(t) = E[x_k^p(t) | q(t) = i] \cdot \Pr\{q(t) = i\} \quad (i \in Q) \quad (4.26)$$

退化变量的条件期望 $E[x_j^p(t) | q(t) = i], p \in \mathbb{N} (i \in Q; j = 1, 2, \cdots, l)$ 可由式(4.24)和式(4.26)得到。

4.3.2.2 系统可靠度

由假设6,系统可靠度可以表示为

$$R(t) = \Pr(q(t) < n, x_1(t) < H_1, x_2(t) < H_2, \cdots, x_l(t) < H_l) \quad (4.27)$$

由全概率公式,可得

$$R(t) = \Pr(q(t) < n, x_1(t) < H_1, x_2(t) < H_2, \cdots, x_l(t) < H_l)$$

$$= \sum_{i=1}^{n-1} \Pr(q(t) = i) \cdot \Pr(x_1(t) < H_1, x_2(t) < H_2, \cdots, x_l(t) < H_l | q(t) = i)$$

(4.28)

由于退化变量的自然退化过程相互独立(假设1),随机冲击对退化过程的影响通过离散状态的转移实现(假设3~假设5),当系统离散状态确定时,退化过程以一定的初始状态按照一定的退化规律独立变化,故式(4.28)可化为

$$R(t) = \sum_{i=1}^{n-1} \left(\prod_{j=1}^{l} \Pr(x_j(t) < H_j | q(t) = i) \right) \cdot \Pr(q(t) = i) \quad (4.29)$$

式中：$\Pr(q(t)=i)$ 由式(4.24)计算，$\Pr(x_j(t)<H_j|q(t)=i)$ 则根据一次二阶矩法[215]由 $x_j(t)$ 的条件矩估计。令 $\mu_{x_j|q=i}(t)$ 和 $\sigma_{x_j|q=i}(t)$ 分别为随机变量 $x_j(t)$ 在 $q=i$ 条件下的均值和标准差，则 $\mu_{x_j|q=i}(t)$ 和 $\sigma_{x_j|q=i}(t)$ 可由下式计算：

$$\begin{cases} \hat{\mu}_{x_j|q=i}(t) = E[x_j(t)|q(t)=i] = \dfrac{\mu_i^{(m^{*j})}(t)}{\Pr(q(t)=i)} = \dfrac{\mu_i^{(m^{*j})}(t)}{\mu_i^{(0,0,\cdots,0)}(t)} \\ \hat{\sigma}_{x_j|q=i}(t) = \sqrt{E(x_j(t)^2|q(t)=i) - (E(x_j(t)|q(t)=i))^2} \\ \quad = \sqrt{\dfrac{\mu_i^{(m^{**j})}(t)}{\mu_i^{(0,0,\cdots,0)}(t)} - \left(\dfrac{\mu_i^{(m^{*j})}(t)}{\mu_i^{(0,0,\cdots,0)}(t)}\right)^2} \quad (i \in \{1,2,\cdots,n-1\}) \end{cases} \quad (4.30)$$

式中：m^{*j} 和 m^{**j} 定义为

$$\begin{aligned} m^{*j} &= [m_1, m_2, \cdots, m_l]: m_k=1 \quad (k=j), \quad m_k=0 \quad (k \neq j) \\ m^{**j} &= [m_1, m_2, \cdots, m_l]: m_k=2 \quad (k=j), \quad m_k=0 \quad (k \neq j) \end{aligned} \quad (4.31)$$

根据一次二阶矩法，$\Pr(x_j(t)<H_j|q(t)=i)$ 可近似为

$$\Pr(x_j(t)<H_j|q(t)=i) \approx \Phi\left(\frac{H_j-\hat{\mu}_{x_j|q=i}(t)}{\hat{\sigma}_{x_j|q=i}(t)}\right) \quad (4.32)$$

将式(4.32)代入式(4.29)，系统可靠度可近似为

$$R(t) \approx R_e(t) = \sum_{i=1}^{n-1} \mu_i^{(0,0,\cdots,0)}(t) \cdot \left[\prod_{j=1}^{l} \Phi\left(\frac{H_j-\hat{\mu}_{x_j|q=i}(t)}{\hat{\sigma}_{x_j|q=i}(t)}\right)\right] \quad (4.33)$$

式中：$\hat{\mu}_{x_j|q=i}(t)$ 和 $\hat{\sigma}_{x_j|q=i}(t)$ 由式(4.30)计算得到。

采用一次二阶矩法估计 $\Pr(x_j(t)<H_j|q(t)=i)$ 的精度与退化变量的正态分布假设有关：随机变量 $x_j(t)|q(t)=i(i \in 1,2,\cdots,n-1;j=1,2,\cdots,l)$ 服从均值为 $\mu_{x_j|q=i}(t)$，标准差为 $\sigma_{x_j|q=i}(t)$ 的正态分布。实际中，该假设并不总是成立，考虑到这一点，以下给出基于马尔可夫不等式的系统可靠度下边界的估计方法。

由马尔可夫不等式，如果 X 是非负随机变量且 $a>0$，则有

$$\Pr(X \geqslant a) \leqslant \frac{E(X)}{a} \quad (4.34)$$

由式(4.34)可以得到

$$\Pr(x_j(t) \geqslant H_j|q=i) \leqslant \frac{E(x_j(t)|q=i)}{H_j} \quad (j \in \{1,2,\cdots,l\}; i \in \{1,2,\cdots,n-1\})$$

$$(4.35)$$

由式(4.29)和式(4.35)，系统可靠度的下边界，记为 $R_l(t)$，可由下式估计：

$$\begin{aligned}
R(t) &= \sum_{i=1}^{n-1} \Pr(q(t)=i) \cdot \prod_{j=1}^{l} \Pr(x_j(t) < H_j | q(t)=i) \\
&= \sum_{i=1}^{n-1} \Pr(q(t)=i) \cdot \prod_{j=1}^{l} [1 - \Pr(x_j(t) \geq H_j | q(t)=i)] \\
&\geq \sum_{i=1}^{n-1} \Pr(q(t)=i) \cdot \prod_{j=1}^{l} \left[1 - \frac{E(x_j(t)|q(t)=i)}{H_j}\right] \\
&= \sum_{i=1}^{n-1} \mu_i^{(0,0,\cdots,0)}(t) \cdot \prod_{j=1}^{l} \left[1 - \frac{\mu_i^{(m*j)}(t)}{H_j}\right] \\
R_l(t) &= \sum_{i=1}^{n-1} \mu_i^{(0,0,\cdots,0)}(t) \cdot \prod_{j=1}^{l} \left[1 - \frac{\mu_i^{(m*j)}(t)}{H_j}\right]
\end{aligned} \tag{4.36}$$

式中:m^{*j}的定义同式(4.31)。

4.3.3 案例1

4.3.3.1 系统描述

本例以文献[2]中的微机电系统(micro-electro-mechanical system,MEMS)设备为研究对象,该设备受到两种故障过程的影响:由磨损和冲击载荷导致的软失效和由冲击载荷导致的弹簧断裂(硬失效)。软失效过程由一个连续退化过程描述,硬失效过程由一个随机冲击过程描述。两故障过程之间的相关关系为:随机冲击的到来会引发退化量的增加。

下列两事件中任意事件发生时,设备失效:
● 设备退化量达到其失效阈值H;
● 载荷超过临界值D的冲击发生。

其余假设有:

(1) 设备的自然退化过程服从随机微分方程:
$$\mathrm{d}x(t) = \mu_\beta \mathrm{d}t + \sigma_\beta \mathrm{d}w_t, x(t) \in \mathbb{R} \tag{4.37}$$

式中:$w_t \in \mathbb{R}$为标准维纳过程;μ_β、σ_β为常数;$t=0$时刻的初始退化量为零。

(2) 随机冲击过程服从一个强度为λ的齐次泊松过程。

(3) 冲击载荷W_i是一组独立同正态分布的随机变量,$W_i \sim N(\mu_W, \sigma_W^2)$。

(4) 每次冲击的出现为退化过程带来一个退化增量d,d是服从正态分布的随机变量,$d \sim N(\mu_d, \sigma_d^2)$。

4.3.3.2 随机混合系统模型

针对上节定义的设备相关故障行为,建立如图4.2所示的随机混合系统模型。该设备共有两种健康状态,即$q(t) \in \{1,2\}$:当$q(t)=1$时,设备自然退化,且退化过程服从式(4.37);当$q(t)=2$时,设备发生硬失效,且退化量重置为零,即$x(t)=0$。

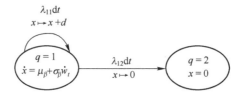

图 4.2 案例 1 的随机混合系统模型状态转移图

如图 4.2 所示,随机混合系统的初始离散状态为 $q=1$,系统离散状态转移率和重置映射函数的定义如下:

$$\lambda_{11}(q) := \begin{cases} \Phi\left(\dfrac{D-\mu_W}{\sigma_W}\right) \cdot \lambda & (q=1) \\ 0 & (q=2) \end{cases}$$

$$\lambda_{12}(q) := \begin{cases} \left[1-\Phi\left(\dfrac{D-\mu_W}{\sigma_W}\right)\right] \cdot \lambda & (q=1) \\ 0 & (q=2) \end{cases} \quad (4.38)$$

$$\phi_{11}(q,x) := (1, x+d)$$

$$\phi_{12}(q,x) := (2, 0) \quad (4.39)$$

式(4.39)中,重置映射函数 $\phi_{11}(q,x)$ 描述了本例中假设 4 定义的故障过程相关关系。

定义测试函数 $\psi_i^{(m)}(q,x)$ ($i \in \{1,2\}$, $m \in \mathbb{R}$) 为

$$\psi_1^{(m)}(q,x) = \begin{cases} x^m & (q=1) \\ 0 & (q \neq 1) \end{cases}$$

$$\psi_2^{(0)}(q,x) = \begin{cases} 1 & (q=2) \\ 0 & (q \neq 2) \end{cases} \quad (4.40)$$

由于 $q(t)=2$ 时,$x(t)=0$,因此,仅考虑该离散状态下设备退化量的 0 阶条件矩,即 $\psi_2^{(0)}(q,x)$。将式(4.37)~式(4.39)代入式(4.22),得到该随机混合系统模型的扩展生成函数:

$$(L\psi_1)^{(m)}(q,x) = \mu_\beta \dfrac{\partial \psi_1^{(m)}(q,x)}{\partial x} + \dfrac{1}{2}\sigma_\beta^2 \dfrac{\partial^2 \psi_1^{(m)}(q,x)}{\partial x^2}$$
$$+ \lambda_{11}(q)(\psi_1^{(1)}(q,x) + d \cdot \psi_1^{(0)}(q,x))^{(m)} \quad (4.41)$$
$$- (\lambda_{11}(q) + \lambda_{12}(q))\psi_1^{(m)}(q,x)$$

$$(L\psi_2)^{(0)}(q,x) = \lambda_{12}(q) \cdot \psi_1^{(0)}(q,x)$$

由式(4.21)和式(4.41),设备退化量各阶条件矩满足微分方程:

$$\frac{d}{dt}\mu_1^{(m)}(t) = \mu_\beta m \mu_1^{(m-1)}(t) + \frac{1}{2}\sigma_\beta^2 m(m-1)\mu_1^{(m-2)}(t)$$

$$+ \lambda_{11}\left(\sum_{k=0}^{m}\binom{m}{k}\mu_1^{(m-k)}(t)E(d^k)\right) - (\lambda_{11}+\lambda_{12})\mu_1^{(m)}(t) \quad (4.42)$$

$$\frac{d}{dt}\mu_2^{(0)}(t) = \lambda_{12}\mu_1^{(0)}(t)$$

式中：$E(d) = \mu_d$，$E(d^2) = \mu_d^2 + \sigma_d^2$。

由式(4.42)可以得到下列微分方程组：

$$\begin{bmatrix} \dot{\mu}_1^{(0)} \\ \dot{\mu}_1^{(1)} \\ \dot{\mu}_1^{(2)} \end{bmatrix} = \begin{bmatrix} -\lambda_{12} & 0 & 0 \\ \mu_\beta + \lambda_{11}\mu_d & -\lambda_{12} & 0 \\ \sigma_\beta^2 + \lambda_{11}(\mu_d^2 + \sigma_d^2) & 2\mu_\beta + 2\lambda_{11}\mu_d & -\lambda_{12} \end{bmatrix} \begin{bmatrix} \mu_1^{(0)} \\ \mu_1^{(1)} \\ \mu_1^{(2)} \end{bmatrix} \quad (4.43)$$

由于系统在任意时刻必处于两个健康状态之一，显然有

$$\mu_1^{(0)}(t) + \mu_2^{(0)}(t) = 1 \quad (4.44)$$

由式(4.33)和式(4.36)，设备可靠度的估计值 $R_e(t)$ 和下边界 $R_l(t)$ 为

$$R_e(t) = \mu_1^{(0)}(t) \cdot \Phi\left(\frac{H - \mu_1^{(1)}(t)/\mu_1^{(0)}(t)}{\sqrt{\mu_1^{(2)}(t)/\mu_1^{(0)}(t) + (\mu_1^{(1)}(t)/\mu_1^{(0)}(t))^2}}\right) \quad (4.45)$$

$$R_l(t) = \mu_1^{(0)}(t) \cdot \left[1 - \frac{\mu_1^{(1)}(t)}{H}\right] \quad (4.46)$$

式中：设备退化量的条件矩 $\mu_1^{(0)}(t)$、$\mu_1^{(1)}(t)$、$\mu_1^{(2)}(t)$ 可通过求解微分方程组式(4.43)和式(4.44)得到。

4.3.3.3 数值算例

本节通过一个数值算例验证随机混合系统模型的正确性。模型参数的取值来自文献[2]，如表4.1所列。本例在 Matlab R2013a 环境中，采用基于 Runge Kutta 法的算法求解式(4.43)和式(4.44)的微分方程组，而文献[2]采用蒙特卡罗仿真法求解设备可靠度。

表4.1 案例1数值算例的参数取值

参 数	取 值	参 数	取 值
H	$0.00125\mu m^3$	D	$1.5 GPa$
μ	$8.4823 \times 10^{-9} \mu m^3$	λ	$5 \times 10^{-3} s^{-1}$
σ	$6.0016 \times 10^{-10} \mu m^3$	μ_W	$1.2 GPa$
μ_d	$1 \times 10^{-4} \mu m^3$	σ_W	$0.2 GPa$
σ_d	$2 \times 10^{-5} \mu m^3$		

经过计算,对比了基于随机混合系统模型的计算结果和基于蒙特卡罗仿真的计算结果(蒙特卡罗仿真的样本量为10^4)。图4.3(a)~(c)展示了由随机混合系统模型和仿真得到的退化量零阶、一阶和二阶矩计算结果,图4.3(d)展示了由随机混合系统模型估计的设备可靠度、可靠度下边界以及由蒙特卡罗仿真得到的可靠度估计值。

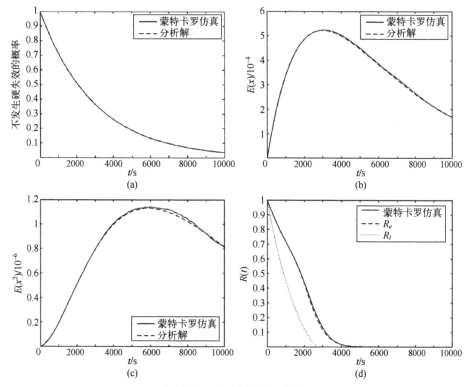

图4.3 案例1的结果对比

(a) 零阶矩 $\Pr\{q \neq 2\} = \mu_1^{(0)}(t)$;(b) 一阶矩 $E(x(t)) = \mu_1^{(1)}(t) + \mu_2^{(1)}(t)$;
(c) 二阶矩 $E(x^2(t)) = \mu_1^{(2)}(t) + \mu_2^{(2)}(t)$;(d) 可靠度估计值和下边界。

结果显示,随机混合系统模型可以精确估计设备退化量的矩,由一次二阶矩法估计的设备可靠度与蒙特卡罗仿真估计的结果一致,而可靠度下边界的估计则相对较为保守。此外,从计算效率的角度考虑,蒙特卡罗仿真的计算时间明显更长,约为随机混合系统模型计算时间的5788.2倍。

4.3.4 案例2

4.3.4.1 系统描述

本例以文献[69]中的微机电系统设备为研究对象,该设备受到软失效和硬失效的影响。软失效过程由一个连续退化过程描述,硬失效过程由一个随机冲击过程描述。两故障过程之间存在两种相关关系:①随机冲击的到来会引发退化量的增加;②当设备遭受某种模式的随机冲击时,退化率增加。文献[69]考虑了由4类冲击模型(极限冲击、δ冲击、混合冲击和连续冲击)导致相关关系(2)的情况。本节仅考虑相关关系(1)和由极限冲击导致的相关关系(2)。

下列两事件中任意事件发生时,设备失效:
- 设备退化量达到其失效阈值 H;
- 载荷超过硬失效阈值 D_1 的冲击发生。

其余假设有:

(1) 随机冲击过程服从一个强度为 λ 的齐次泊松过程。

(2) 冲击载荷 W_i 是一组独立同正态分布的随机变量,$W_i \sim N(\mu_W, \sigma_W^2)$。

(3) 载荷小于 D_0 的冲击的出现为退化过程带来一个退化增量 d,d 是服从正态分布的随机变量,$d \sim N(\mu_d, \sigma_d^2)$。

(4) 载荷属于区间 $[D_0, D_1)$ 的冲击会触发退化过程退化率的改变。令 J 为触发冲击发生时已出现的冲击总数,T_J 为第 J 个冲击的到达时间,则设备的自然退化规律可由下列微分方程表示:

$$\mathrm{d}x(t) = \begin{cases} \mu_{\beta_1}\mathrm{d}t + \sigma_{\beta_1}\mathrm{d}w_t & (t < T_J) \\ \mu_{\beta_2}\mathrm{d}t + \sigma_{\beta_2}\mathrm{d}w_t & (t \geq T_J) \end{cases}, \quad x(t) \in \mathbb{R} \qquad (4.47)$$

式中:$w_t \in \mathbb{R}$ 为标准维纳过程;μ_{β_1}、μ_{β_2}、σ_{β_1}、σ_{β_2} 为常数,且 $\mu_{\beta_2} > \mu_{\beta_1}$;$t = 0$ 时的初始退化量为零。

4.3.4.2 随机混合系统模型

针对上节定义的设备相关故障行为,建立如图4.4所示的随机混合系统模型。该设备共有3种健康状态,即 $q(t) \in \{1, 2, 3\}$:当 $q(t) = 1$ 时,设备以较低的退化率自然退化;当 $q(t) = 2$ 时,设备以较高的退化率自然退化;在上述两种状态下,设备的退化规律服从下列随机微分方程:

$$\mathrm{d}x(t) = \begin{cases} \mu_{\beta_1}\mathrm{d}t + \sigma_{\beta_1}\mathrm{d}w_t & (q(t) = 1) \\ \mu_{\beta_2}\mathrm{d}t + \sigma_{\beta_2}\mathrm{d}w_t & (q(t) = 2) \end{cases}, \quad x(t) \in \mathbb{R} \qquad (4.48)$$

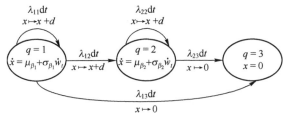

图4.4 案例2的随机混合系统模型状态转移图

当 $q(t)=3$ 时,设备发生硬失效,且退化量重置为零,即 $x(t)=0$。

如图 4.4 所示,随机混合系统的初始离散状态为 $q=1$,系统的离散状态转移率和重置映射函数的定义如下:

$$\lambda_{11}(q) := \begin{cases} P_1 \cdot \lambda & (q=1) \\ 0 & (q \neq 1) \end{cases}$$

$$\lambda_{12}(q) := \begin{cases} P_2 \cdot \lambda & (q=1) \\ 0 & (q \neq 1) \end{cases}$$

$$\lambda_{13}(q) := \begin{cases} P_3 \cdot \lambda & (q=1) \\ 0 & (q \neq 1) \end{cases} \quad (4.49)$$

$$\lambda_{22}(q) := \begin{cases} (P_1+P_2) \cdot \lambda & (q=2) \\ 0 & (q \neq 2) \end{cases}$$

$$\lambda_{23}(q) := \begin{cases} P_3 \cdot \lambda & (q=2) \\ 0 & (q \neq 2) \end{cases}$$

$$\phi_{11}(q,x) := (1, x+d)$$
$$\phi_{12}(q,x) := (2, x+d)$$
$$\phi_{13}(q,x) := (3, 0) \quad (4.50)$$
$$\phi_{22}(q,x) := (2, x+d)$$
$$\phi_{23}(q,x) := (3, 0)$$

式中,P_1、P_2、P_3 的计算式如下:

$$P_1 = \Phi\left(\frac{D_0-\mu_W}{\sigma_W}\right), \quad P_2 = \Phi\left(\frac{D_1-\mu_W}{\sigma_W}\right) - \Phi\left(\frac{D_0-\mu_W}{\sigma_W}\right), \quad P_3 = 1 - \Phi\left(\frac{D_1-\mu_W}{\sigma_W}\right) \quad (4.51)$$

在式(4.50)中,重置映射函数 $\phi_{11}(q,x)$、$\phi_{22}(q,x)$ 描述了本例假设 3 定义的故障相关关系;伴随系统离散状态从 $q=1$ 向 $q=2$ 转移而发生的退化过程退化率的改变,则描述了本例假设 4 定义的故障相关关系。

定义测试函数 $\psi_i^{(m)}(q,x), i \in \{1,2,3\}, m \in \mathbb{R}$ 为

$$\psi_1^{(m)}(q,x) = \begin{cases} x^m & (q=1) \\ 0 & (q \neq 1) \end{cases}$$

$$\psi_2^{(m)}(q,x) = \begin{cases} x^m & (q=2) \\ 0 & (q \neq 2) \end{cases} \quad (4.52)$$

$$\psi_3^{(0)}(q,x) = \begin{cases} 1 & (q=3) \\ 0 & (q \neq 3) \end{cases}$$

由于 $q(t)=3$ 时,$x(t)=0$,因此,仅考虑该离散状态下设备退化量的零阶条件矩,即 $\psi_3^{(0)}(q,x)$。将式(4.48)~式(4.50)代入式(4.7),得到该随机混合系统模

型的扩展生成函数：

$$\begin{cases} (L\psi_1)^{(m)}(q,x) = \mu_{\beta_1}\dfrac{\partial \psi_1^{(m)}(q,x)}{\partial x} + \dfrac{1}{2}\sigma_{\beta_1}^2 \dfrac{\partial^2 \psi_1^{(m)}(q,x)}{\partial x^2} + \lambda_{11}(\psi_1^{(1)}(q,x) \\ \qquad\qquad + d\cdot\psi_1^{(0)}(q,x))^{(m)} - (\lambda_{11}+\lambda_{12}+\lambda_{13})\psi_1^{(m)}(q,x) \\ (L\psi_2)^{(m)}(q,x) = \mu_{\beta_2}\dfrac{\partial \psi_2^{(m)}(q,x)}{\partial x} + \dfrac{1}{2}\sigma_{\beta_2}^2 \dfrac{\partial^2 \psi_2^{(m)}(q,x)}{\partial x^2} + \lambda_{22}(\psi_2^{(1)}(q,x) + d\cdot\psi_2^{(0)}(q,x))^{(m)} \\ \qquad\qquad + \lambda_{12}(\psi_1^{(1)}(q,x) + d\cdot\psi_1^{(0)}(q,x))^{(m)} - (\lambda_{22}+\lambda_{23})\psi_2^{(m)}(q,x) \\ (L\psi_3)^{(0)}(q,x) = \lambda_{13}\cdot\psi_1^{(0)}(q,x) + \lambda_{23}\cdot\psi_2^{(0)}(q,x) \end{cases}$$

(4.53)

由式(4.6)和式(4.53)，设备退化量各阶条件矩满足微分方程：

$$\dfrac{\mathrm{d}}{\mathrm{d}t}\mu_1^{(m)}(t) = \mu_{\beta_1} m \mu_1^{(m-1)}(t) + \dfrac{1}{2}\sigma_{\beta_1}^2 m(m-1)\mu_1^{(m-2)}(t)$$
$$+ \lambda_{11}\left(\sum_{k=0}^{m}\binom{m}{k}\mu_1^{(m-k)}(t)E(d^k)\right) - (\lambda_{11}+\lambda_{12}+\lambda_{13})\mu_1^{(m)}(t)$$

$$\dfrac{\mathrm{d}}{\mathrm{d}t}\mu_2^{(m)}(t) = \mu_{\beta_2} m \mu_2^{(m-1)}(t) + \dfrac{1}{2}\sigma_{\beta_2}^2 m(m-1)\mu_2^{(m-2)}(t)$$
$$+ \lambda_{22}\left(\sum_{k=0}^{m}\binom{m}{k}\mu_2^{(m-k)}(t)E(d^k)\right) \qquad (4.54)$$
$$+ \lambda_{12}\left(\sum_{k=0}^{m}\binom{m}{k}\mu_1^{(m-k)}(t)E(d^k)\right) - (\lambda_{22}+\lambda_{23})\mu_2^{(m)}(t)$$

$$\dfrac{\mathrm{d}}{\mathrm{d}t}\mu_3^{(0)}(t) = \lambda_{13}\mu_1^{(0)}(t) + \lambda_{23}\mu_2^{(0)}(t)$$

式中：$E(d)=\mu_d$，$E(d^2)=\mu_d^2+\sigma_d^2$。

由式(4.54)可以得到下列微分方程组：

$$\begin{bmatrix} \dot{\mu}_1^{(0)} \\ \dot{\mu}_2^{(0)} \\ \dot{\mu}_1^{(1)} \\ \dot{\mu}_2^{(1)} \\ \dot{\mu}_1^{(2)} \\ \dot{\mu}_2^{(2)} \end{bmatrix} = \begin{bmatrix} -\lambda_{12}-\lambda_{13} & 0 & 0 & 0 & 0 & 0 \\ \lambda_{12} & -\lambda_{23} & 0 & 0 & 0 & 0 \\ \mu_{\beta_1}+\lambda_{11}\mu_d & 0 & -\lambda_{12}-\lambda_{13} & 0 & 0 & 0 \\ \lambda_{12}\mu_d & \mu_{\beta_2}+\lambda_{22}\mu_d & \lambda_{12} & -\lambda_{23} & 0 & 0 \\ \sigma_{\beta_1}^2+\lambda_{11}(\mu_d^2+\sigma_d^2) & 0 & 2\mu_{\beta_1}+2\lambda_{11}\mu_d & 0 & -\lambda_{12}-\lambda_{13} & 0 \\ \lambda_{12}(\mu_d^2+\sigma_d^2) & \sigma_{\beta_2}^2+\lambda_{22}(\mu_d^2+\sigma_d^2) & 2\lambda_{12}\mu_d & 2\mu_{\beta_2}+2\lambda_{22}\mu_d & \lambda_{12} & -\lambda_{23} \end{bmatrix} \begin{bmatrix} \mu_1^{(0)} \\ \mu_2^{(0)} \\ \mu_1^{(1)} \\ \mu_2^{(1)} \\ \mu_1^{(2)} \\ \mu_2^{(2)} \end{bmatrix}$$

(4.55)

由于系统在任意时刻必处于3个健康状态之一,显然有

$$\mu_1^{(0)}(t)+\mu_2^{(0)}(t)+\mu_3^{(0)}(t)=1 \quad (4.56)$$

由式(4.33)和式(4.36),设备可靠度的估计值 $R_e(t)$ 和下边界 $R_l(t)$ 为

$$R_e(t) = \sum_{i=1}^{2} \mu_i^{(0)}(t) \cdot \Phi\left(\frac{H-\mu_i^{(1)}(t)/\mu_i^{(0)}(t)}{\sqrt{\mu_i^{(2)}(t)/\mu_i^{(0)}(t)+(\mu_i^{(1)}(t)/\mu_i^{(0)}(t))^2}}\right) \quad (4.57)$$

$$R_l(t) = \sum_{i=1}^{2} \mu_i^{(0)}(t) \cdot \left[1-\frac{\mu_i^{(1)}(t)}{H}\right] \quad (4.58)$$

式中:设备退化量的条件矩 $\mu_1^{(0)}(t)$、$\mu_1^{(1)}(t)$、$\mu_1^{(2)}(t)$、$\mu_2^{(0)}(t)$、$\mu_2^{(1)}(t)$、$\mu_2^{(2)}(t)$ 可通过求解微分方程组式(4.55)和式(4.56)得到。

4.3.4.3 数值算例

本节通过一个数值算例验证随机混合系统模型的正确性。模型参数的取值来自文献[69],如表4.2所列。本例在 Matlab R2013a 环境中,采用基于 Runge Kutta 法的算法求解式(4.55)和式(4.56)的微分方程组,而文献[69]采用蒙特卡罗仿真法求解设备可靠度。

表4.2 案例2数值算例的参数取值

参数	取值	参数	取值
H	$0.00125\mu m^3$	μ_{β_1}	$8.4823\times10^{-9}\mu m^3$
μ_{β_2}	$10.9646\times10^{-9}\mu m^3$	σ_{β_1}	$6.0016\times10^{-10}\mu m^3$
σ_{β_1}	$6.0846\times10^{-10}\mu m^3$	μ_d	$1\times10^{-4}\mu m^3$
σ_d	$2\times10^{-5}\mu m^3$	D_1	$1.5GPa$
D_0	$1.2GPa$	λ	$5\times10^{-3}s^{-1}$
μ_W	$1.2GPa$	σ_W	$0.2GPa$

经过计算,对比了基于随机混合系统模型的计算结果和基于蒙特卡罗仿真的计算结果(蒙特卡罗仿真的样本量为 10^4)。图4.5(a)~(c)展示了由随机混合系统模型和蒙特卡罗仿真得到的退化量零阶矩、1阶矩和2阶矩的计算结果,图4.5(d)展示了由随机混合系统模型估计的设备可靠度、可靠度下边界以及由蒙特卡罗仿真得到的可靠度估计值。

结果显示,随机混合系统模型可以精确估计设备退化量的矩,由一次二阶矩法估计的设备可靠度与蒙特卡罗仿真估计的结果一致,而可靠度下边界的估计则相对较为保守。此外,从计算效率的角度考虑,蒙特卡罗仿真的计算时间明显更长,约为随机混合系统模型计算时间的1203.8倍。

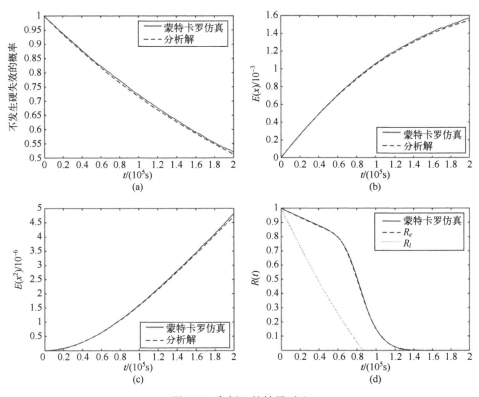

图 4.5　案例 2 的结果对比

（a）零阶矩 $\Pr\{q \neq 3\} = \mu_1^{(0)}(t) + \mu_2^{(0)}(t)$；（b）1 阶矩 $E(x(t)) = \mu_1^{(1)}(t) + \mu_2^{(1)}(t) + \mu_3^{(1)}(t)$；

（c）2 阶矩 $E(x^2(t)) = \mu_1^{(2)}(t) + \mu_2^{(2)}(t) + \mu_3^{(2)}(t)$；（d）可靠度估计值和下边界。

4.3.5　案例 3

4.3.5.1　系统描述

本例以文献[74]中的汽车轮胎为研究对象,该产品受到两种故障过程的影响:由磨损导致的软失效和由创伤性冲击导致的硬失效。软失效过程由一个连续退化过程描述,硬失效过程由一个随机冲击过程描述。两故障过程之间的相关关系为:随机冲击的发生率与退化量相关。

下列两事件中的任意事件发生,则产品失效:

- 产品退化量达到其失效阈值 H;
- 创伤性冲击发生,冲击服从强度为 $\lambda(x)$ 的 Cox 过程。

其余假设有:

（1）产品的自然退化过程服从随机微分方程:

$$dx(t) = \mu_\beta dt + \sigma_\beta dw_t, x(t) \in \mathbb{R} \tag{4.59}$$

式中：$w_t \in \mathbb{R}$ 为标准维纳过程；μ_β, σ_β 为常数；$t=0$ 时刻的初始退化量为 x_0。

（2）随机冲击过程服从强度为 $\lambda(x) = \delta + \alpha x^k, k \in \mathbb{R}$ 的 Cox 过程，其中 δ 和 α 为常数，令 $k=1$，则强度函数可表示为

$$\lambda(x) = \delta + \alpha x \tag{4.60}$$

4.3.5.2 随机混合系统模型

针对上节定义的产品相关故障行为，建立如图 4.6 所示的随机混合系统模型。该产品共有两种健康状态，即 $q(t) \in \{1,2\}$：当 $q(t)=1$ 时，产品自然退化，退化过程服从式（4.59）；当 $q(t)=2$ 时，产品发生硬失效，退化量重置为零，即 $x(t)=0$。

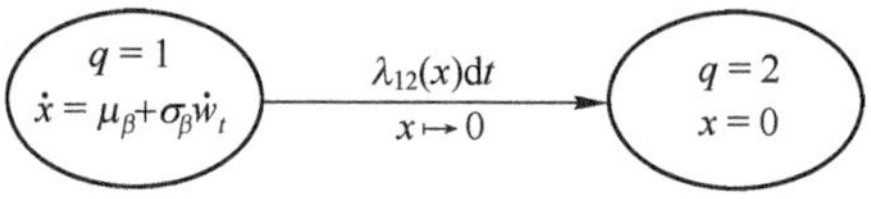

图 4.6 案例 3 的随机混合系统模型状态转移图

如图 4.6 所示，随机混合系统的初始离散状态为 $q=1$，系统离散状态转移率和重置映射函数的定义如下：

$$\lambda_{12}(q,x) := \begin{cases} \delta + \alpha x & (q=1) \\ 0 & (q \neq 1) \end{cases} \tag{4.61}$$

$$\phi_{12}(q,x) := (2,0) \tag{4.62}$$

定义测试函数 $\psi_i^{(m)}(q,x)(i \in \{1,2\}; m \in \mathbb{R})$，为

$$\psi_1^{(m)}(q,x) = \begin{cases} x^m & (q=1) \\ 0 & (q \neq 1) \end{cases}$$
$$\psi_2^{(0)}(q,x) = \begin{cases} 1 & (q=2) \\ 0 & (q \neq 2) \end{cases} \tag{4.63}$$

由于 $q(t)=2$ 时，$x(t)=0$，因此，仅考虑该离散状态下产品退化量的零阶条件矩，即 $\psi_2^{(0)}(q,x)$。将式（4.59）~式（4.62）代入式（4.7），得到该随机混合系统模型的扩展生成函数：

$$(L\psi_1)^{(m)}(q,x) = \mu_\beta \frac{\partial \psi_1^{(m)}(q,x)}{\partial x} + \frac{1}{2}\sigma_\beta^2 \frac{\partial^2 \psi_1^{(m)}(q,x)}{\partial x^2} - (\delta + \alpha x) \cdot \psi_1^{(m)}(q,x)$$
$$(L\psi_2)^{(0)}(q,x) = (\delta + \alpha x) \cdot \psi_1^{(0)}(q,x) \tag{4.64}$$

由式（4.6）和式（4.64），产品退化量的各阶条件矩服从微分方程：

$$\frac{d}{dt}\mu_1^{(m)}(t) = \mu_\beta m \mu_1^{(m-1)}(t) + \frac{1}{2}\sigma_\beta^2 m(m-1)\mu_1^{(m-2)}(t) - \delta \mu_1^{(m)}(t) - \alpha \mu_1^{(m+1)}(t)$$
$$\frac{d}{dt}\mu_2^{(0)}(t) = \delta \mu_1^{(0)}(t) + \alpha \mu_1^{(1)}(t) \tag{4.65}$$

由式（4.65）可以得到下列微分方程组：

$$\begin{bmatrix} \dot{\mu}_1^{(0)} \\ \dot{\mu}_1^{(1)} \\ \dot{\mu}_1^{(2)} \end{bmatrix} = \begin{bmatrix} -\delta & -\alpha & 0 \\ \mu_\beta & -\delta & -\alpha \\ \sigma_\beta^2 & 2\mu_\beta & -\delta \end{bmatrix} \begin{bmatrix} \mu_1^{(0)} \\ \mu_1^{(1)} \\ \mu_1^{(2)} \end{bmatrix} + \begin{bmatrix} 0 \\ 0 \\ -\alpha \end{bmatrix} \cdot \mu_1^{(3)} \tag{4.66}$$

由于系统在任意时刻必处于两个健康状态之一，显然有

$$\mu_1^{(0)}(t) + \mu_2^{(0)}(t) = 1 \tag{4.67}$$

与案例 1 和案例 2 的情况不同，案例 3 产品退化量的条件矩 $\mu_1^{(0)}$、$\mu_1^{(1)}$、$\mu_1^{(2)}$ 的变化与高阶条件矩 $\mu_1^{(3)}$ 有关，因此无法直接求解微分方程组式(4.66)。在这种情况下，由文献[214]提出的"截断法"可获得高阶条件矩关于低阶条件矩的近似表达式。

由"截断法"，$\mu_1^{(3)}$ 可近似为

$$\mu_1^{(3)} \approx \varphi(\mu_1^{(0)}, \mu_1^{(1)}, \mu_1^{(2)}) = \frac{\mu_1^{(0)} \cdot (\mu_1^{(2)})^3}{(\mu_1^{(1)})^3} \tag{4.68}$$

故微分方程组(4.66)可近似为

$$\begin{bmatrix} \dot{\mu}_1^{(0)} \\ \dot{\mu}_1^{(1)} \\ \dot{\mu}_1^{(2)} \end{bmatrix} = \begin{bmatrix} -\delta & -\alpha & 0 \\ \mu_\beta & -\delta & -\alpha \\ \sigma_\beta^2 & 2\mu_\beta & -\delta \end{bmatrix} \begin{bmatrix} \mu_1^{(0)} \\ \mu_1^{(1)} \\ \mu_1^{(2)} \end{bmatrix} + \begin{bmatrix} 0 \\ 0 \\ -\alpha \end{bmatrix} \cdot \frac{\mu_1^{(0)} \cdot (\mu_1^{(2)})^3}{(\mu_1^{(1)})^3} \tag{4.69}$$

由式(4.33)和式(4.36)，产品可靠度的估计值 $R_e(t)$ 和下边界 $R_l(t)$ 为

$$R_e(t) = \mu_1^{(0)}(t) \cdot \Phi\left(\frac{H - \mu_1^{(1)}(t)/\mu_1^{(0)}(t)}{\sqrt{\mu_1^{(2)}(t)/\mu_1^{(0)}(t) + (\mu_1^{(1)}(t)/\mu_1^{(0)}(t))^2}}\right) \tag{4.70}$$

$$R_l(t) = \mu_1^{(0)}(t) \cdot \left[1 - \frac{\mu_1^{(1)}(t)}{H}\right] \tag{4.71}$$

式中：产品退化量的条件矩 $\mu_1^{(0)}(t)$、$\mu_1^{(1)}(t)$、$\mu_1^{(2)}(t)$ 可通过求解式(4.69)和式(4.67)的微分方程得到。

4.3.5.3 数值算例

本节通过一个数值算例验证随机混合系统模型的正确性，模型参数的取值如表 4.3 所列。本例在 Matlab R2013a 环境中，采用基于 Runge Kutta 法的算法求解式(4.69)和式(4.67)的微分方程。基于 Cox 过程的数学性质，产品退化量的条件矩和产品可靠度可解析地表示为

$$\mu_1^{(0)}(t) = P\{q = 1\}$$

$$= E\exp\left(-\int_0^t \lambda(x(\tau))d\tau\right)$$

$$= E\exp\left(-\int_0^t (\delta + \alpha x(\tau))d\tau\right)$$

$$\mu_1^{(1)}(t) = E(x|q=1) \cdot P\{q=1\}$$
$$= (x_0 + \mu_\beta t) \cdot E\exp\left(-\int_0^t (\delta + \alpha x(\tau))\mathrm{d}\tau\right)$$

$$\mu_1^{(2)}(t) = E(x^2|q=1) \cdot P\{q=1\}$$
$$= \left[(x_0 + \mu_\beta t)^2 + \sigma_\beta^2 t\right] \cdot E\exp\left(-\int_0^t (\delta + \alpha x(\tau))\mathrm{d}\tau\right)$$
(4.72)

$$R(t) = P\{x < H|q=1\} \cdot P\{q=1\}$$
$$= \Phi\left(\frac{H - (x_0 + \mu_\beta t)}{\sigma_\beta \sqrt{t}}\right) \cdot E\exp\left(-\int_0^t (\delta + \alpha x(\tau))\mathrm{d}\tau\right)$$
(4.73)

式中:x_0 为初始退化量;$\Phi(\cdot)$ 为标准正态分布函数。

表4.3 案例3数值算例的参数取值

参 数	取 值	参 数	取 值
H	$7.5\mu m^3$	δ	2.5×10^{-5}
μ_β	$1\times10^{-4}\mu m^3$	α	1×10^{-4}
σ_β	$1\times10^{-5}\mu m^3$	x_0	$1\times10^{-4}\mu m^3$

经过计算,对比了基于随机混合系统模型的计算结果和用蒙特卡罗仿真求解式(4.72)和式(4.73)的计算结果(蒙特卡罗仿真的样本量为10³)。图4.7(a)~(c)展示了由随机混合系统模型和蒙特卡罗仿真得到的退化量零阶矩、1阶矩和2阶矩的计算结果,图4.7(d)展示了由随机混合系统模型估计的产品可靠度、可靠度下边界以及由蒙特卡罗仿真得到的可靠度估计值。结果显示,随机混合系统模型可以精确预计产品退化量的矩和产品可靠度。

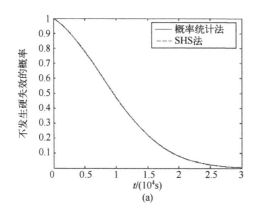

(a)

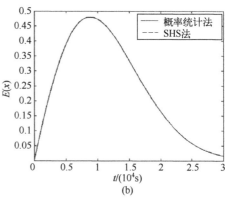

(b)

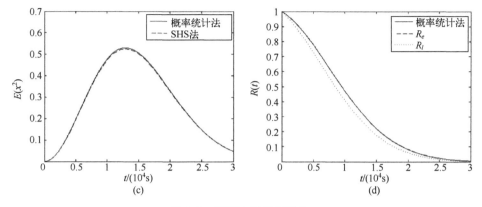

图 4.7 案例 3 的结果对比

(a) 零阶矩 $\Pr\{q\neq 2\}=\mu_1^{(0)}(t)$；(b) 1 阶矩 $E(x(t))=\mu_1^{(1)}(t)+\mu_2^{(1)}(t)$；
(c) 2 阶矩 $E(x^2(t))=\mu_1^{(2)}(t)+\mu_2^{(2)}(t)$；(d) 可靠度估计值和下边界。

4.4 系统共因失效的随机混合系统建模与分析方法

如本书 1.4 节所介绍的，共因失效现象指的是系统内多个相似单元由于同一根因而同时失效的现象，是一种系统层次单元故障行为之间的相关现象。在文献中，现有的共因失效模型通常被分为两类：非冲击模型(non-shock model)和冲击模型(shock model)[82]。非冲击模型(又称统计模型)不考虑导致共因失效的原因和过程，这类模型利用共因失效事件的统计数据直接估计共因失效事件的概率。典型的非冲击模型有 β 因子模型、α 因子模型、多希腊字母模型等。然而，由于共因失效事件(尤其是高阶共因失效事件)的统计数据通常十分稀少，非冲击模型的参数估计比较困难[216]。

Zio 等[217-218]认为，深入挖掘关于组件失效和退化过程的大量知识、信息和数据(knowledge, information and data, KID)有助于建立更为准确的可靠性模型。相比于非冲击模型，冲击模型(又称机理模型)侧重于描述共因失效现象发生的实际过程：当一个"共因"冲击发生时，系统内的多个单元受其影响同时失效[82]。冲击模型认为冲击是导致共因失效的原因。

作为冲击模型的典型代表，二项失效率模型在核工业界有着广泛的应用[87]。二项失效率模型最早由 Vesely[86]提出，该模型假设当一个共因冲击发生时，组件以一定的概率失效，失效单元数量的概率分布服从二项分布。Atwood 等[87]将该模型扩展到考虑两类冲击的情况：一类冲击的发生会导致共因失效组内所有组件失效，称为致命性冲击(lethal shock)；另一类冲击的发生可能导致部分组件失效，称为非致命性冲击(non-lethal shock)。为了解决高阶共因失效率被低估的问题,Hauptmanns[219]在二项失效率模型的基础上提出了多类二项失效率(multi-class binomial failure rate,MCBFR)模型,将共因失效事件划分为具有不同耦合因子的多个类别。考虑到组件在不同类型共因冲击的作用下失效概率不同的现象,Kvam[220]假设在随机冲击发生的条件下,组件失效的条件概率服从 β 分布,将二项失效率模型扩展到适应多种冲击来源的情况;在文献[221]中,给出了组件失效的条件概率的非参数极大似然估计方法。Berg 等[222]提出了以二项失效率模型为基础的仿真模型,称为面向过程的仿真(process-oriented simulation,POS)。POS 模型考虑了共因事件影响下的组件立即故障与延时故障的情况,并为共因事件产生的不同程度的影响分配了相应的概率。Atwood 和 Kelly[223]给出了二项失效率模型的贝叶斯推断方法。

常见的共因失效冲击模型还包括随机可靠性分析模型(stochastic reliability analysis model,SRA)[224]、一般多失效率模型(general multiple failure rate model,GMFR)[225-226]和共同载荷模型(common load model,CLM)。SRA 模型考虑了冲击作用下共因失效事件发生概率的不确定性。相似地,Hughes[89]提出了将不同环境条件下共因失效事件发生概率的分布取加权平均值的共因失效模型。GMFR 模型考虑了多种共因冲击影响共因失效系统的情况,各类冲击具有相互独立的不同发生率。基于 GMFR 模型,Vaurio 研究了冗余备份系统的不可用度以及 n 中取 m:G 系统在不同测试策略下的不可用度。在 CLM 模型中,组件共同承担的载荷被视为共因失效的"根因",系统可靠度的计算依据的是应力—强度干涉模型。基于 CLM 模型,Mankamo 和 Kosonen[227]提出了扩展共同载荷模型(extended common load model,ECLM),用于高余度系统的共因失效建模。Xie[216]提出了一种基于知识的多维离散(knowledge-based multi-dimension discrete,KBMD)共因失效模型并给出相应的参数估计方法。

以上述模型为代表的共因失效冲击模型,通常假设冲击对共因失效事件的影响与时间无关。实际中,退化机理(如磨损、疲劳和腐蚀等)会影响组件的故障行为,然而,现有共因失效冲击模型并没有充分考虑组件的退化过程。因此,本节提出一种基于随机混合系统的共因失效模型,用以描述由退化系统的共因失效现象。

4.4.1 系统共因失效的随机混合系统模型

4.4.1.1 随机混合系统模型

考虑一个由 l 个组件构成的退化系统,随机冲击的发生可能导致系统内组件的共因失效,冲击分为两类:

- 致命性冲击,这类冲击的到来会导致共因失效组内所有组件同时失效;
- 非致命性冲击,这类冲击的到来会造成共因失效组内组件的退化量增加,当组件的累积退化量达到其阈值时,组件失效。

在实际中,致命性冲击的例子有:产品设计缺陷、设备的错误校准、破坏性的环境条件等[86];非致命性冲击的例子有:超出产品设计范围的温度或振动[87]、系统液体环境中的污染物等[223,228]。基于上述系统假设,当一个非致命性冲击到来时,组件失效的条件概率取决于其当时的退化状态。

针对上述共因失效系统的相关故障行为建立随机混合系统模型,假设:

(1) 系统的 l 个组件的退化过程由向量 $\boldsymbol{x}(t)=(x_1(t),x_2(t),\cdots,x_l(t))\in\mathbb{R}^l$ 描述,其中,$x_j(t)$($1\leq j\leq l$)表示第 j 个组件的退化量,若 $x_j(t)\geq H_j$,则第 j 个组件失效;

(2) 退化向量 $x(t)$ 的变化服从形如式(4.1)的随机微分方程组;

(3) 系统受到 n 种致命性冲击的威胁,第 i 种致命性冲击会引发共因失效组 $CCCG_i$($i=1,2,\cdots,n$)中所有组件的失效;

(4) 系统各组件承受非致命性冲击,作用于不同组件的非致命性冲击为相互独立的随机冲击过程,非致命性冲击的到来会导致组件退化量的增加;

(5) 系统的可靠性模型以结构函数描述。

基于上述假设,建立共因失效系统的随机混合系统模型,状态转移图如图 4.8 所示。在随机混合系统模型中,连续状态 $x(t)$ 描述了组件的退化过程,离散状态 $q(t)\in\{0,1,2,\cdots,n\}$ 描述了致命性冲击过程:$q(t)=0$ 表示尚未出现过致命性冲击,而 $q(t)=i$($i=1,2,\cdots,n$)表示第 i 种致命性冲击发生并引发了共因失效组 $CCCG_i$ 内所有组件的失效。

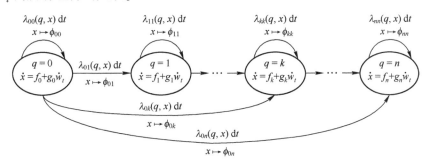

图 4.8 共因失效系统随机混合系统模型的状态转移图

系统离散状态的转移由随机冲击(包括致命性冲击和非致命性冲击)触发,转移率为 $\lambda_{ij}(q(t),\boldsymbol{x}(t))$($i,j\in Q$)。若 $i=j$,表示非致命性冲击到来,若 $i\neq j$,表示致命性冲击到来。在实际中,转移率 λ_{ij}($i,j\in Q$),由历史冲击数据或专家经验确定。

在系统的两次连续的离散状态转移之间，退化向量 $x(t)$ 的变化服从式(4.1)中的随机微分方程。在实际中，组件退化过程的微分方程可由故障物理分析[109,229]得到，退化过程的不确定性由维纳过程描述。

重置映射函数 $\phi_{ij}(i,j \in Q)$ 描述了共因冲击对系统故障行为的影响：当一个非致命性冲击到来时，所有组件的退化量获得一个确定（或随机）大小的增量；当第 k 种致命性冲击到达时，共因失效组 $CCCG_k$ 中所有组件的退化量被重置为相应的失效阈值。

4.4.1.2　连续状态变量的条件期望

本节介绍连续状态变量的条件期望 $E[x_j^p(t)|q(t)=i]$ $(i \in Q; j=1,2,\cdots,l)$ 的计算方法，其中，$x_j(t)$ 表示 $x(t)$ 的第 j 个元素，$p \in \mathbb{N}$ 是连续变量的阶数。

定义测试函数：

$$\psi_i^{(m)}(q,x) = \begin{cases} x^m & (q=i) \\ 0 & (q \neq i) \end{cases} \tag{4.74}$$

式中：$m:=(m_1,m_2,\cdots,m_l)$，$m \in \mathbb{N}^l$ 定义了连续状态的阶数，于是有 $x^m := x_1^{m_1} x_2^{m_2} \cdots x_l^{m_l}$，则连续状态 x 的 m 阶条件矩为

$$\begin{aligned}\mu_i^{(m)}(t) &:= E[\psi_i^{(m)}(q,x)] \\ &= E[x^m(t)|q(t)=i] \cdot \Pr\{q(t)=i\}\end{aligned} \tag{4.75}$$

若测试函数 $\psi(q(t),x(t))$，$\psi:Q \times \mathbb{R}^l \to \mathbb{R}$，关于二阶连续可微，则其期望的变化规律符合 Dynkin 公式：

$$\frac{dE[\psi(q(t),x(t))]}{dt} = E[(L\psi)(q(t),x(t))] \tag{4.76}$$

式中：$(L\psi)(q,x)$ 为随机混合系统的扩展生成函数，对 $\forall(q,x) \in Q \times \mathbb{R}^l$，$(L\psi)(q,x)$ 的表达式为

$$\begin{aligned}(L\psi)(q,x) &:= \frac{\partial \psi(q,x)}{\partial x}f(q,x) + \frac{1}{2}\mathrm{trace}\left(\frac{\partial^2 \psi(q,x)}{\partial x^2}g(q,x)g(q,x)'\right) \\ &+ \sum_{i,j \in Q} \lambda_{ij}(q,x)(\psi(\phi_{ij}(q,x)) - \psi(q,x))\end{aligned} \tag{4.77}$$

式中：$\partial \psi/\partial x$ 和 $\partial^2 \psi/\partial x^2$ 分别为测试函数 $\psi(q,x)$ 关于 x 的梯度和 Hessian 矩阵；$\mathrm{trace}(A)$ 为矩阵 A 的迹，即矩阵主对角线上元素之和。

将式(4.77)代入式(4.6)，可以得到一组关于 $\mu_i^{(m)}(t)$ $(i \in Q, m \in \mathbb{N}^l)$ 的微分方程组：

$$d\mu_i^{(m)}(t) = E[L(\psi_i^{(m)})(q(t),x(t))] \cdot dt \tag{4.78}$$

$\mu_i^{(m)}(t)$ 可通过求解式(4.78)得到，通过指定 m 的值，可以获得相应的条件矩。

(1) 若令 $m=(0,0,\cdots,0)$，则有
$$\mu_i^{(0,0,\cdots,0)}(t) = \Pr\{q(t)=i\} \quad (i \in Q) \tag{4.79}$$

(2) 若令
$$m = [m_1, m_2, \cdots, m_l]: \begin{cases} m_j = p & (j=k; k \in \{1,2,\cdots,l\}) \\ m_j = 0 & (j \neq k) \end{cases} \tag{4.80}$$

式中：m_j 为 m 第 j 个元素；p 为自然数，有
$$\mu_i^{(m)}(t) = E[x_k^p(t) | q(t)=i] \cdot \Pr\{q(t)=i\} \quad (i \in Q) \tag{4.81}$$

连续变量的条件期望 $E[x_j^p(t)|q(t)=i], p \in \mathbb{N}$ ($i \in Q; j=1,2,\cdots,l$) 可由式(4.79)和式(4.81)得到。

4.4.1.3 系统可靠度计算

由假设 5，假设系统的结构函数为
$$Y_S = F(Y_1, Y_2, \cdots, Y_l) \tag{4.82}$$

式中：Y_S 和 $Y_1, Y_2, \cdots, Y_l$ 为布尔变量，分别表示系统状态与组件状态；状态变量 Y_S 和 $Y_i = 1$ 表示系统和组件是正常工作状态，反之是故障状态。

根据系统结构函数，在组件失效事件相互独立的条件下，系统可靠度可解析地表示为组件可靠度的函数：
$$\begin{aligned} R_S(t) &= \Pr\{F(Y_1, Y_2, \cdots, Y_l) = 1\} \\ &= G(R_1(t), R_2(t), \cdots, R_l(t)) \end{aligned} \tag{4.83}$$

式中：$R_j(t)$ ($j=1,2,\cdots,l$) 为第 j 个组件的可靠度；函数 $G(\cdot)$，$G:[0,1]^l \to [0,1]$ 由结构函数 $F(\cdot)$ 决定。

在随机混合系统模型中，由于共因冲击的影响，组件失效事件之间概率相关。但在指定的系统离散状态 $q=k$ ($k \in 1,2,\cdots,n$) 下，各组件的故障状态是条件概率独立的。因此，由全概率公式，系统可靠度可展开为
$$R_S(t) = \sum_{i=0}^{n} \Pr(q(t)=i) \cdot G(R_{1|q=i}(t), R_{2|q=i}(t), \cdots, R_{l|q=i}(t)) \tag{4.84}$$

式中：$R_{j|q=i}(t)$ 为第 j 个组件在 $q=i$ 条件下的可靠度。

式(4.84)中，$\Pr(q(t)=i)$ 由式(4.79)确定，其中 $\mu_i^{(0,0,\cdots,0)}(t)$ 通过求解式(4.78)中的微分方程组得到。由系统定义可知，$R_{j|q=i}(t)$ 可表示为
$$R_{j|q=i}(t) = \Pr(x_j(t) < H_j | q(t)=i) \quad (i \in Q; j=1,2,\cdots,l) \tag{4.85}$$

$\Pr(x_j(t) < H_j | q(t)=i)$ 可根据一次二阶矩法由 $x_j(t)$ 的条件矩近似求解。令 $\mu_{x_j|q=i}(t)$ 和 $\sigma_{x_j|q=i}(t)$ 分别为随机变量 $x_j(t)$ 在 $q=i$ 条件下的期望和标准差，则 $\mu_{x_j|q=i}(t)$ 和 $\sigma_{x_j|q=i}(t)$ 可由下式计算：

$$\begin{cases} \hat{\mu}_{x_j|q=i}(t) = E[x_j(t)|q(t)=i] = \dfrac{\mu_i^{(m^{*j})}(t)}{\Pr(q(t)=i)} = \dfrac{\mu_i^{(m^{*j})}(t)}{\mu_i^{(0,0,\cdots,0)}(t)} \\ \hat{\sigma}_{x_j|q=i}(t) = \sqrt{E(x_j(t)^2|q(t)=i) - (E(x_j(t)|q=i))^2} \\ \qquad\qquad = \sqrt{\dfrac{\mu_i^{(m^{**j})}(t)}{\mu_i^{(0,0,\cdots,0)}(t)} - \left(\dfrac{\mu_i^{(m^{*j})}(t)}{\mu_i^{(0,0,\cdots,0)}(t)}\right)^2} \quad (i \in \{0,1,\cdots,n\}) \end{cases} \quad (4.86)$$

式中：m^{*j} 和 m^{**j} 定义为

$$\begin{cases} m^{*j} = [m_1, m_2, \cdots, m_l] : m_k = 1 \quad (k=j); \quad m_k = 0 \quad (k \neq j) \\ m^{**j} = [m_1, m_2, \cdots, m_l] : m_k = 2 \quad (k=j); \quad m_k = 0 \quad (k \neq j) \end{cases} \quad (4.87)$$

由一次二阶矩法，$R_{j|q=i}(t)$ 可近似为

$$R_{j|q=i}(t) = \Pr(x_j(t) < H_j | q(t)=i) \approx \Phi\left(\dfrac{H_j - \hat{\mu}_{x_j|q=i}(t)}{\hat{\sigma}_{x_j|q=i}(t)}\right) \quad (4.88)$$

将式(4.79)和式(4.88)代入式(4.84)，系统可靠度可近似为

$$R_S(t) \approx \sum_{i=0}^{n} \mu_i^{(0,0,\cdots,0)}(t) \cdot G\left(\Phi\left(\dfrac{H_1 - \hat{\mu}_{x_1|q=i}(t)}{\hat{\sigma}_{x_1|q=i}(t)}\right), \Phi\left(\dfrac{H_2 - \hat{\mu}_{x_2|q=i}(t)}{\hat{\sigma}_{x_2|q=i}(t)}\right), \cdots, \Phi\left(\dfrac{H_l - \hat{\mu}_{x_l|q=i}(t)}{\hat{\sigma}_{x_l|q=i}(t)}\right)\right)$$

(4.89)

式中：$\hat{\mu}_{x_j|q=i}(t), \hat{\sigma}_{x_j|q=i}(t) (j=1,2,\cdots,l; i \in Q)$，可由式(4.86)计算。

采用一次二阶矩法估计系统可靠度的精度与连续变量的正态分布假设有关：随机变量 $x_j(t)|q(t)=i (i \in 0,1,\cdots,n; j=1,2,\cdots,l)$ 服从均值为 $\mu_{x_j|q=i}(t)$，标准差为 $\sigma_{x_j|q=i}(t)$ 的正态分布。

4.4.1.4 参数估计

在实际应用中，需根据试验数据或现场数据估计 4 类随机混合系统模型参数：非致命性冲击的强度(发生率) $\lambda_{ii}(i \in Q)$，致命性冲击的强度(发生率) $\lambda_{ik}(i \in Q; k=1,2,\cdots,n; i \neq k)$，式(4.1)中的退化参数和式(4.3)中的冲击损伤参数。假设有 M 个系统样本用于试验数据和现场数据的收集。对每个系统，收集下列 3 类数据用于随机混合系统模型的参数估计：

- 退化量监测数据 $\{(t_i, x_j^{(p)}(t_i)), i=1, \cdots, N\}$，其中 $t_i = t_1, t_2, \cdots, t_N$ 是退化量的测量时刻，$x_j^{(p)}(t_i)$ 是第 p 个系统样本的第 j 个组件在 t_i 时刻监测到的退化量，其中，$j=1,2,\cdots,l; p=1,2,\cdots,M$；
- 第 k 种致命性冲击的到达时间数据 $\{T_k^{(q)}\}$ $(q=1,2,\cdots,n_k; k=1,2,\cdots,n)$，其中 n_k 是 t_N 时刻以前到达的第 k 种致命性冲击的次数，且有 $n_k = \sum_{p=1}^{M} n_{k,p}$，其中 $n_{k,p}$ 是击中第 p 个系统样本的第 k 种致命性冲击的次数；

- 非致命性冲击的到达次数 $\{N_{nl}^{(p)}\}$，其中 $N_{nl}^{(p)}$ 是时间区间 $(0, t_N]$ 内发生的作用在第 p 个系统样本中的非致命性冲击的次数。

利用上述数据，由极大似然估计法估计参数 $\lambda_{ii}, i \in Q$ 和 $\lambda_{ik}(i \in Q; k=1,2,\cdots, n; i \neq k)$ 为

$$\hat{\lambda}_{ii} = \frac{\sum_{p=1}^{M} N_{nl}^{(p)}}{M \cdot t_N}, \quad \hat{\lambda}_{ik} = \frac{n_k}{\sum_{q=1}^{n_k} T_k^{(q)}} \tag{4.90}$$

退化参数和冲击损伤参数的极大似然估计由退化数据得到，似然函数视具体案例的特定退化模型和重置映射函数的形式而定，参见 4.4.2.4 节。

相比于常见的共因失效冲击模型，如二项失效率模型，随机混合系统模型存在更多需要估计的模型参数。在二项失效率模型中，需要估计冲击发生率、组件独立失效概率和由非致命冲击引发组件故障的条件概率。二项失效率模型的参数估计仅需要共因失效事件的统计数据，而随机混合系统模型则需要退化量监测数据和冲击数据。由于随机混合系统模型对组件退化过程有更为详细的描述，因此不可避免地需要更多的数据来支持模型参数的估计。作为回报，随机混合系统模型对退化系统的共因失效现象和可靠性变化的描述也更加准确。

4.4.2 数值算例

4.4.2.1 系统描述

本节通过一个数值算例验证所提出的随机混合系统模型。考虑一个三单元冗余系统，组件分别记为 A、B 和 C，假设：

（1）组件退化过程服从：

$$dx_j(t) = \alpha_j dt + \beta_j dw_t \quad (j = A, B, C) \tag{4.91}$$

式中：$x_j(t)$ 为组件 j 的退化量；$w_t \in \mathbb{R}$ 为标准维纳过程；$\alpha_j、\beta_j$ 为退化常数。此外，假设 $x_j(0) = 0 (\forall j \in \{A, B, C\})$，当 $x_j(t)$ 到达失效阈值 H_j 时，组件 j 失效。

（2）系统受到一种致命性冲击的影响，冲击服从强度为 λ_l 的齐次泊松过程；当致命性冲击发生时，3 个组件同时失效，共因失效组记为 $CCCG = \{A, B, C\}$。

（3）系统内组件受到非致命性冲击的影响，影响不同组件的非致命性冲击过程相互独立。冲击服从强度为 λ_{nl} 的齐次泊松过程；当一个非致命性冲击作用于组件 j 时，组件退化量增加 $d_j, d_j \sim N(\mu_{d_j}, \sigma_{d_j}^2) (j = A, B, C)$。

4.4.2.2 随机混合系统模型

针对上述三单元冗余系统，建立随机混合系统模型，状态转移图如图 4.9 所示。系统共有两种离散状态 $q(t) \in \{0, 1\}$：当 $q(t) = 0$ 时，表明 t 时刻之前未出现

致命性冲击,系统处于正常工作状态,组件退化过程服从式(4.91);当非致命性冲击发生时,组件退化量以增量 $d_j \sim N(\mu_{d_j}, \sigma_{d_j}^2)(j=A,B,C)$ 被重置;当 $q(t)=1$ 时,表明致命性冲击发生,所有组件失效,组件退化量被重置为相应的失效阈值。

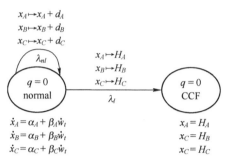

图 4.9　三单元冗余系统随机混合系统模型的状态转移图

如图 4.9 所示,系统的初始状态为 $q=0$。随机混合系统模型的转移率和重置映射函数定义如下:

$$\begin{cases} \lambda_{00}(q) = \begin{cases} \lambda_{nl} & (q=0) \\ 0 & (q=1) \end{cases} \\ \lambda_{01}(q) = \begin{cases} \lambda_l & (q=0) \\ 0 & (q=1) \end{cases} \end{cases} \quad (4.92)$$

$$\begin{cases} \phi_{00}(q, x_j) := (0, x_j + d_j) \\ \phi_{01}(q, x_j) := (1, H_j) \\ j = A, B, C \end{cases} \quad (4.93)$$

式(4.93)中,重置映射函数 $\phi_{00}(q,x_j)$ 和 $\phi_{01}(q,x_j)$ 分别描述了非致命性冲击和致命性冲击对退化过程的影响。

4.4.2.3　可靠度计算

三单元冗余系统的结构函数为

$$Y_S = F(Y_A, Y_B, Y_C) = 1 - \overline{Y}_A \overline{Y}_B \overline{Y}_C \quad (4.94)$$

式中:Y_S、Y_A、Y_B、Y_C 分别为系统、组件 A、组件 B 和组件 C 的状态变量。将式(4.94)代入式(4.84),系统可靠度可表示为

$$R_S(t) = \sum_{i=0}^{1} \Pr(q(t)=i) \cdot (1-(1-R_{A|q=i}(t))(1-R_{B|q=i}(t))(1-R_{C|q=i}(t)))$$

$$(4.95)$$

式中:$R_{A|q=i}(t)$、$R_{B|q=i}(t)$、$R_{C|q=i}(t)$ 分别为系统离散状态 $q=i$ 的条件下,组件 A、组件 B 和组件 C 的条件可靠度。

为计算式(4.95)中的组件条件可靠度,定义测试函数 $\psi_{ji}^{(m)}(q,x_j)(j=A,B,C;$

$i \in \{0,1\}$；$m \in \mathbb{R}$ 为

$$\psi_{j0}^{(m)}(q, x_j) = \begin{cases} x_j^m & (q=0) \\ 0 & (q \neq 0) \end{cases}$$

$$\psi_{j1}^{(0)}(q, x_j) = \begin{cases} 1 & (q=1) \\ 0 & (q \neq 1) \end{cases} \tag{4.96}$$

考虑到当 $q(t)=1$ 时，$x_j(t)=H_j$，仅考虑退化量在该状态下的零阶条件矩，故仅定义 $\psi_{j1}^{(0)}(q, x_j)$。将式(4.91)、式(4.92)和式(4.93)代入式(4.77)，随机混合系统模型的扩展生成函数为

$$(L\psi_{j0})^{(m)}(q, x_j) = \alpha_j \frac{\partial \psi_{j0}^{(m)}(q, x_j)}{\partial x_j} + \frac{1}{2}\beta_j^2 \frac{\partial^2 \psi_{j0}^{(m)}(q, x_j)}{\partial x_j^2} + \lambda_{00}(q)(\psi_{j0}^{(1)}(q, x_j) + d_j \cdot \psi_{j0}^{(0)}(q, x_j))^{(m)}$$

$$- (\lambda_{00}(q) + \lambda_{01}(q))\psi_{j0}^{(m)}(q, x_j) \tag{4.97}$$

$$(L\psi_{j1})^{(0)}(q, x_j) = \lambda_{01}(q) \cdot \psi_{j0}^{(0)}(q, x_j)$$

由式(4.97)和式(4.76)，对于 $j=A,B,C$，连续变量各阶条件矩服从微分方程：

$$\frac{d}{dt}\mu_{j0}^{(m)}(t) = \alpha_j m \mu_{j0}^{(m-1)}(t) + \frac{1}{2}\beta_j^2 m(m-1)\mu_{j0}^{(m-2)}(t)$$

$$+ \lambda_{nl}\left[\sum_{k=0}^{m} \binom{m}{k} \mu_{j0}^{(m-k)}(t) E(d_j^k)\right] - (\lambda_{nl} + \lambda_l)\mu_{j0}^{(m)}(t) \tag{4.98}$$

$$\frac{d}{dt}\mu_{j1}^{(0)}(t) = \lambda_l \mu_{j0}^{(0)}(t)$$

式中：$E(d_j) = \mu_{d_j}$，$E(d_j^2) = \mu_{d_j}^2 + \sigma_{d_j}^2$。由式(4.98)可得微分方程组：

$$\begin{bmatrix} \dot{\mu}_{j0}^{(0)} \\ \dot{\mu}_{j0}^{(1)} \\ \dot{\mu}_{j0}^{(2)} \end{bmatrix} = \begin{bmatrix} -\lambda_l & 0 & 0 \\ \alpha_j + \lambda_{nl}\mu_{d_j} & -\lambda_l & 0 \\ \beta_j^2 + \lambda_{nl}(\mu_{d_j}^2 + \sigma_{d_j}^2) & 2\alpha_j + 2\lambda_{nl}\mu_{d_j} & -\lambda_l \end{bmatrix} \begin{bmatrix} \mu_{j0}^{(0)} \\ \mu_{j0}^{(1)} \\ \mu_{j0}^{(2)} \end{bmatrix} \tag{4.99}$$

由于系统在任意时刻必定属于两离散状态之一，对于 $j=A,B,C$，显然有

$$\mu_{j0}^{(0)}(t) + \mu_{j0}^{(0)}(t) = 1 \tag{4.100}$$

由式(4.99)和式(4.100)，可靠度估计值 $R_{SHS}(t)$ 可由下式计算：

$$R_{SHS}(t) = \Pr\{q=0\} \cdot \{1 - [1 - R_{A|q=0}(t)] \cdot [1 - R_{B|q=0}(t)] \cdot [1 - R_{C|q=0}(t)]\}$$

$$= \mu_{A0}^{(0)}(t) \cdot \left\{1 - \prod_{j=A}^{C}\left[1 - \Phi\left(\frac{H_j - \mu_{j0}^{(1)}(t)/\mu_{j0}^{(0)}(t)}{\sqrt{\mu_{j0}^{(2)}(t)/\mu_{j0}^{(0)}(t) + (\mu_{j0}^{(1)}(t)/\mu_{j0}^{(0)}(t))^2}}\right)\right]\right\}$$

$$\tag{4.101}$$

式中：$\mu_{j0}^{(0)}(t)$、$\mu_{j0}^{(1)}(t)$、$\mu_{j0}^{(2)}(t)$ ($j=A,B,C$) 可通过求解微分方程组式(4.99)和式(4.100)得到。

4.4.2.4 参数估计

随机混合系统模型中需要估计的参数有:λ_{nl}、λ_l、α_j、β_j、μ_{d_j}、$\sigma_{d_j}(j=A,B,C)$。参数 λ_{nl}、λ_l 的极大似然估计可由式(4.90)计算。由退化模型(4.91)和假设3可知,组件 j 的退化服从:

$$x_j(t) = \alpha_j t + \beta_j w_t + \sum_{k=0}^{\infty} \left[\Pr(N_{nl}(t)=k) \cdot N_{nl}(t) \cdot d_j \right] \\ = \alpha_j t + \beta_j w_t + (\lambda_{nl} t) \cdot d_j \qquad (4.102)$$

式中:$w_t \sim N(0,t)$;$d_j \sim N(\mu_{d_j}, \sigma_{d_j}^2)$。因此,参数 α_j、β_j、μ_{d_j}、$\sigma_{d_j}(j=A,B,C)$ 的似然函数可表示为

$$L(\alpha_j, \beta_j, \mu_{d_j}, \sigma_{d_j} | x_j, t, \lambda_{nl}) = f(x_j | \alpha_j, \beta_j, \mu_{d_j}, \sigma_{d_j}, t, \lambda_{nl}) \\ = \frac{1}{\sqrt{2\pi} \cdot \sqrt{\beta_j^2 t + \sigma_{d_j}^2 (\lambda_{nl} t)^2}} \cdot \exp\left\{ -\frac{[x_j - (\alpha_j t + \mu_{d_j} \lambda_{nl} t)]^2}{2[\beta_j^2 t + \sigma_{d_j}^2 (\lambda_{nl} t)^2]} \right\}$$

(4.103)

参数 α_j、β_j、μ_{d_j}、σ_{d_j} 的极大似然估计可由式(4.103)采用数值方法求解。

4.4.2.5 结果和讨论

为了对比随机混合系统模型和二项失效率模型对退化系统可靠度预计的准确性,通过蒙特卡罗仿真生成了 $M=1\times10^4$ 个系统样本的测试数据,参数取值见表4.4。基于生成的数据,分别用随机混合系统模型和二项失效率模型估计系统可靠度。二项失效率模型及其参数估计方法见4.4.4节附录。图4.10对比了由随机混合系统模型和二项失效率模型计算得到的可靠度估计值和故障前时间(time to failure, TTF)的概率密度函数。在图4.10中,以蒙特卡罗仿真得到的数据作为"真值",为对比两模型的预测精度提供参考。

表4.4 冗余系统参数取值

参　数	取　值	参　数	取　值
M	1×10^4	N	5×10^3
H_A, H_B, H_C	1.25×10^5	$\alpha_A, \alpha_B, \alpha_C$	8.4823×10^{-1}
$\beta_A, \beta_B, \beta_C$	6.0016×10^{-4}	$\mu_{d_A}, \mu_{d_B}, \mu_{d_C}$	5×10^3
$\sigma_{d_A}, \sigma_{d_B}, \sigma_{d_C}$	2×10^2	λ_{nl}	5×10^{-4}
λ_l	5×10^{-5}	$t_{\max}$	1×10^5

随机混合系统模型的计算时间复杂度主要由求解式(4.99)中线性微分方程组所耗费的计算时间复杂度决定。在本案例中,线性常微分方程组在 Matlab 2013a 环境下,采用 forth-order Runge-Kutta 方法求解。该算法的时间复杂度为 $O(t_{\max}/h)O(n)$[230],其

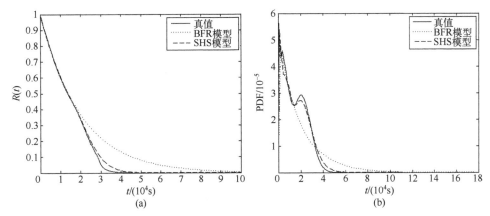

图 4.10 冗余系统 SHS 模型和 BFR 模型计算结果对比
(a) 可靠度估计值；(b) 系统 TTF 的概率密度函数。

中 t_{max} 是考虑的时间区间 $(0, t_{max})$ 的右端点，h 是 Runge-Kutta 算法的时间步长，n 是致命性冲击的类型数，在本例中 $n=1$。可以看出计算时间复杂度主要由时间步长的大小和致命性冲击的种类决定。Runge-Kutta 法的计算精度为 $o(h^5)$。因此，在实际应用中，应在计算成本和计算精度上做适当的权衡。

如图 4.10(a) 所示，由随机混合系统模型估计的系统可靠度比二项失效率模型的结果更准确，其可能的原因见图 4.10(b)。如图 4.10(b) 所示，系统 TTF 的概率密度函数的参考真值是一个双峰函数，通过进一步分析样本数据可知系统 TTF 较小的众数主要反映了由致命性冲击导致的系统失效时间，而较大的众数则主要反映了由累积退化过程导致的系统失效时间。然而，由于二项失效率模型没有考虑组件退化的影响，由该模型估计的系统 TTF 概率密度分布函数是单峰的。相比之下，随机混合系统模型包含对组件退化过程的描述，因而对系统可靠度的估计更加准确。

如图 4.10 所示，随机混合系统模型估计的系统可靠度与参考真值相比仍然存在误差，这是由模型参数的估计误差导致的；随着时间的推移，可靠度估计值与参考真值的差别有增大的趋势，这一现象是由并联系统的性质决定的：并联系统的可靠度对组件可靠度的敏感度随着组件可靠度的降低而增大。为了进一步解释这个现象，考虑一个由相同而又彼此独立的 3 个单元构成的并联系统。令 R_s 为系统可靠度，R 为单元可靠度，则有 $R_s = 1 - (1-R)^3$。假定单元可靠度的估计误差为 dR，则系统可靠度估计误差的绝对值为 $dR_s = 3(1-R)^2 dR$，显然，该误差随着 R 的减小而增加（R 的值域是 $[0,1]$）。在图 4.10(a) 中，随着时间的推移，组件可靠度逐渐减小，因此系统可靠度的误差逐渐增大。

115

4.4.3 案例应用

4.4.3.1 系统描述

本节将随机混合系统模型应用于核电站备用给水系统的备用给水泵(auxiliary feedwater pump,AFP)共因失效分析。在备用给水系统中,AFP可能因遭受内部水灾(internal flood)而失效,可能引发内部水灾的3个主要水源是:工厂用水(service water,SW)、循环水(circulating water,CW)和消防用水(fire protection water,FPW)[231]。这3个水源系统中任意一个系统的管道破裂即可导致足以破坏AFP的内部水灾。由文献[232],实际观测到的3种最常见的管道破裂模式是随机破裂、地震导致的破裂和台风导致的破裂。本节用管道退化导致的破裂来描述随机破裂,即在正常环境条件下,管道裂纹的自然扩展而引发的破裂。

为了保护AFP免遭内部水灾的危害,通常在AFP所在处的安防通道(safeguards alley)设置拦洪坝(flood barrier)。然而,若拦洪坝被损坏(通常由自身退化或高强度的地震引发),一旦发生内部水灾,AFP仍会失效。基于上述关于AFP遭受内部水灾而失效的机理描述,建立AFP失效的故障树,如图4.11所示。图中,底事件"A失效""B失效""C失效"和"D失效"分别代指事件"SW管道破裂""CW管道破裂""FPW管道破裂"和"拦洪坝损坏"。

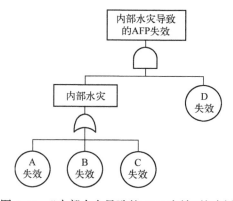

图4.11 "内部水灾导致的AFP失效"故障树

在AFP系统的可靠性分析中,考虑系统的4个组件,即SW管道、CW管道、FPW管道和拦洪坝,分别记为组件A、B、C和D。假设:

(1) 组件的退化过程服从随机微分方程:

$$\mathrm{d}x_j(t) = \alpha_j \mathrm{d}t + \beta_j \mathrm{d}w_t \quad (j=A,B,C,D) \qquad (4.104)$$

式中:$x_j(t)$为组件j的退化量;$w_t \in \mathbb{R}$为标准维纳过程;α_j,β_j为退化常量。假定$x_j(0)=0(\forall j \in \{A,B,C,D\})$。当组件退化量到达失效阈值时,组件失效。

(2) 系统受到台风(致命性冲击1)和地震(致命性冲击2)的影响,这两类冲

击分别服从强度为 λ_t 和 λ_e 的齐次泊松过程;若台风来袭,组件 A、B、C 共因失效,即共因失效组 $CCCG_1 = \{A,B,C\}$;若地震发生,所有组件共因失效,即共因失效组 $CCCG_2 = \{A,B,C,D\}$。通常情况下,由于致命性冲击发生的概率较低,在一个极短的时间区间内,即 $(t,t+\Delta t)$,$\Delta t \to 0$,两个或两个以上的致命性冲击同时发生的概率极低。因此在本例中,不考虑两种致命性冲击在同一时刻发生的情况。该假设是可靠性模型的常见假设,例如,在马尔可夫模型中,通常假设在一个极短的时间区间内,仅考虑一个及一个以下组件发生故障的情况[233]。

(3) 系统各组件受到相互独立的非致命性冲击过程的影响,冲击过程服从强度为 λ_{nl} 的齐次泊松过程;当一个非致命性冲击作用于组件 j 时,组件退化量增加 d_j,$d_j \sim N(\mu_{d_j}, \sigma_{d_j}^2)(j=A,B,C,D)$。

4.4.3.2 随机混合系统模型

针对上述 AFP 系统,建立随机混合系统模型,状态转移图如图 4.12 所示。系统共有 3 种可能的离散状态 $q(t) \in \{0,1,2\}$:当 $q(t)=0$ 时,表明 t 时刻之前未发生过致命性冲击,系统处在正常工作状态,组件退化规律服从式(4.104);当非致命性冲击发生时,组件退化过程以增量 $d_j \sim N(\mu_{d_j}, \sigma_{d_j}^2)(j=A,B,C,D)$ 被重置;当 $q(t)=1$ 时,表明台风发生,共因失效组 $CCCG_1$ 中的所有组件,即组件 A,B,C,同时失效,且退化量被分别重置为相应的失效阈值,组件 D 则按照式(4.104)自然退化;当 $q(t)=2$ 时,表明地震发生,共因失效组 $CCCG_2$ 的所有组件,即组件 A、B、C、D,同时失效,且退化量被分别重置为相应的失效阈值。

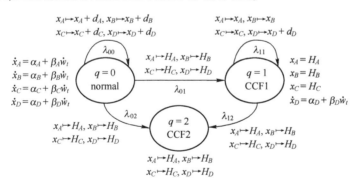

图 4.12 AFP 系统的随机混合系统模型状态转移图

需要注意的是,虽然系统离散状态 $q(t)$ 受到致命性冲击的影响,但离散状态与致命性冲击事件并不是一一对应的关系。实际上,系统离散状态的划分仅和系统的健康状态(在本例中即系统性能的退化规律)有关。如图 4.13 所示,事件"台风未发生且地震发生"和事件"台风发生且地震发生"均对应于状态 $q=2$,这是因为在本例中,集合 $CCCG_2 = \{A,B,C,D\}$ 包含集合 $CCCG_1 = \{A,B,C\}$。

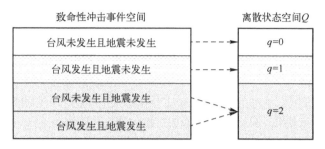

图 4.13 致命性冲击的事件空间与系统离散状态空间的对应关系

如图 4.12 所示，AFP 系统的初始状态为 $q=0$。随机混合系统模型的转移率和重置映射函数定义如下：

$$\begin{cases} \lambda_{00}(q) := \begin{cases} \lambda_{nl} & (q=0) \\ 0 & (q \neq 0) \end{cases} \\ \lambda_{01}(q) := \begin{cases} \lambda_{t} & (q=0) \\ 0 & (q \neq 0) \end{cases} \\ \lambda_{02}(q) := \begin{cases} \lambda_{e} & (q=0) \\ 0 & (q \neq 0) \end{cases} \\ \lambda_{11}(q) := \begin{cases} \lambda_{nl} & (q=1) \\ 0 & (q \neq 1) \end{cases} \\ \lambda_{12}(q) := \begin{cases} \lambda_{e} & (q=1) \\ 0 & (q \neq 1) \end{cases} \end{cases} \quad (4.105)$$

$$\begin{cases} \phi_{00}(q,(x_A,x_B,x_C,x_D)) := (0,(x_A+d_A,x_B+d_B,x_C+d_C,x_D+d_D)) \\ \phi_{01}(q,(x_A,x_B,x_C,x_D)) := (1,(H_A,H_B,H_C,x_D)) \\ \phi_{02}(q,(x_A,x_B,x_C,x_D)) := (2,(H_A,H_B,H_C,H_D)) \\ \phi_{11}(q,(x_A,x_B,x_C,x_D)) := (1,(x_A,x_B,x_C,x_D+d_D)) \\ \phi_{12}(q,(x_A,x_B,x_C,x_D)) := (2,(H_A,H_B,H_C,H_D)) \end{cases} \quad (4.106)$$

式中：ϕ_{00}、ϕ_{11} 为重置映射函数，描述了非致命性冲击的影响；ϕ_{01} 描述了台风的影响；ϕ_{02}、ϕ_{12} 描述了地震的影响。

4.4.3.3 可靠度计算

AFP 系统的结构函数为

$$Y_S = F(Y_A, Y_B, Y_C, Y_D) = Y_D + Y_A Y_B Y_C \overline{Y_D} \quad (4.107)$$

式中：Y_S、Y_A、Y_B、Y_C、Y_D 分别为 AFP 系统、组件 A、组件 B、组件 C 和组件 D 的状态变量。将式(4.107)代入式(4.84)，系统可靠度可表示为

$$R_S(t) = \sum_{i=0}^{2} \Pr(q(t)=i) \cdot \{R_{D|q=i}(t) + R_{A|q=i}(t) R_{B|q=i}(t) R_{C|q=i}(t) [1 - R_{D|q=i}(t)]\}$$

$$(4.108)$$

式中:$R_{A|q=i}(t)$、$R_{B|q=i}(t)$、$R_{C|q=i}(t)$、$R_{D|q=i}(t)$分别为系统离散状态$q=i$的条件下,组件A、B、C、D的条件可靠度。

为计算式(4.108)中的组件条件可靠度,定义测试函数$\psi_{ji}^{(m)}(q,x_j)$($j=A,B,C,D;i\in\{0,1,2\};m\in\mathbb{R}$)为

$$\begin{cases} 对于 j=A,B,C \\ \psi_{j0}^{(m)}(q,x_j)=\begin{cases}x_j^m & (q=0)\\ 0 & (q\neq 0)\end{cases} \quad \psi_{j1}^{(0)}(q,x_j)=\begin{cases}1 & (q=1)\\ 0 & (q\neq 1)\end{cases} \\ \psi_{j2}^{(0)}(q,x_j)=\begin{cases}1 & (q=2)\\ 0 & (q\neq 2)\end{cases} \end{cases} \quad (4.109)$$

$$\begin{cases} 对于 j=D \\ \psi_{j0}^{(m)}(q,x_j)=\begin{cases}x_j^m & (q=0)\\ 0 & (q\neq 0)\end{cases} \quad \psi_{j1}^{(m)}(q,x_j)=\begin{cases}x_j^m & (q=1)\\ 0 & (q\neq 1)\end{cases} \\ \psi_{j2}^{(0)}(q,x_j)=\begin{cases}1 & (q=2)\\ 0 & (q\neq 2)\end{cases} \end{cases} \quad (4.110)$$

将式(4.104)、式(4.105)和式(4.106)代入式(4.77),随机混合系统模型的扩展生成函数为

对于$j=A,B,C$

$$(L\psi_{j0})^{(m)}(q,x_j)=\alpha_j\frac{\partial\psi_{j0}^{(m)}(q,x_j)}{\partial x_j}+\frac{1}{2}\beta_j^2\frac{\partial^2\psi_{j0}^{(m)}(q,x_j)}{\partial x_j^2}+\lambda_{00}(q)(\psi_{j0}^{(1)}(q,x_j)$$
$$+d_j\cdot\psi_{j0}^{(0)}(q,x_j))^{(m)}-(\lambda_{00}(q)+\lambda_{01}(q)+\lambda_{02}(q))\psi_{j0}^{(m)}(q,x_j)$$
$$(L\psi_{j1})^{(0)}(q,x_j)=\lambda_{01}(q)\cdot\psi_{j0}^{(0)}(q,x_j)-\lambda_{12}(q)\cdot\psi_{j1}^{(0)}(q,x_j) \quad (4.111)$$
$$(L\psi_{j2})^{(0)}(q,x_j)=\lambda_{02}(q)\cdot\psi_{j0}^{(0)}(q,x_j)+\lambda_{12}(q)\cdot\psi_{j1}^{(0)}(q,x_j)$$

$$\begin{cases} 对于 j=D \\ (L\psi_{j0})^{(m)}(q,x_j)=\alpha_j\frac{\partial\psi_{j0}^{(m)}(q,x_j)}{\partial x_j}+\frac{1}{2}\beta_j^2\frac{\partial^2\psi_{j0}^{(m)}(q,x_j)}{\partial x_j^2}+\lambda_{00}(q)(\psi_{j0}^{(1)}(q,x_j)+d_j\cdot\psi_{j0}^{(0)}(q,x_j))^{(m)} \\ \quad -(\lambda_{00}(q)+\lambda_{01}(q)+\lambda_{02}(q))\psi_{j0}^{(m)}(q,x_j) \\ (L\psi_{j1})^{(m)}(q,x_j)=\alpha_j\frac{\partial\psi_{j1}^{(m)}(q,x_j)}{\partial x_j}+\frac{1}{2}\beta_j^2\frac{\partial^2\psi_{j1}^{(m)}(q,x_j)}{\partial x_j^2}+\lambda_{11}(q)(\psi_{j1}^{(1)}(q,x_j)+d_j\cdot\psi_{j1}^{(0)}(q,x_j))^{(m)} \\ \quad +\lambda_{01}(q)\psi_{j0}^{(m)}(q,x_j)-(\lambda_{11}(q)+\lambda_{12}(q))\psi_{j1}^{(m)}(q,x_j) \\ (L\psi_{j2})^{(0)}(q,x_j)=\lambda_{02}(q)\cdot\psi_{j0}^{(0)}(q,x_j)+\lambda_{12}(q)\cdot\psi_{j1}^{(0)}(q,x_j) \end{cases}$$

$$(4.112)$$

由式(4.111)、式(4.112)和式(4.76)，对于$j=A,B,C,D$组件退化量的条件矩服从微分方程：

对于$j=A,B,C$

$$\begin{cases} \dfrac{d}{dt}\mu_{j0}^{(m)}(t) = \alpha_j m \mu_{j0}^{(m-1)}(t) + \dfrac{1}{2}\beta_j^2 m(m-1)\mu_{j0}^{(m-2)}(t) \\ \qquad + \lambda_{nl}\left[\sum_{k=0}^{m}\binom{m}{k}\mu_{j0}^{(m-k)}(t)E(d_j^k)\right] - (\lambda_{nl}+\lambda_t+\lambda_e)\mu_{j0}^{(m)}(t) \\ \dfrac{d}{dt}\mu_{j1}^{(0)}(t) = \lambda_t \mu_{j0}^{(0)}(t) - \lambda_e \mu_{j1}^{(0)}(t) \\ \dfrac{d}{dt}\mu_{j2}^{(0)}(t) = \lambda_e \mu_{j0}^{(0)}(t) + \lambda_e \mu_{j1}^{(0)}(t) \end{cases} \quad (4.113)$$

对于$j=D$

$$\begin{cases} \dfrac{d}{dt}\mu_{j0}^{(m)}(t) = \alpha_j m \mu_{j0}^{(m-1)}(t) + \dfrac{1}{2}\beta_j^2 m(m-1)\mu_{j0}^{(m-2)}(t) \\ \qquad + \lambda_{nl}\left[\sum_{k=0}^{m}\binom{m}{k}\mu_{j0}^{(m-k)}(t)E(d_j^k)\right] - (\lambda_{nl}+\lambda_t+\lambda_e)\mu_{j0}^{(m)}(t) \\ \dfrac{d}{dt}\mu_{j1}^{(m)}(t) = \alpha_j m \mu_{j1}^{(m-1)}(t) + \dfrac{1}{2}\beta_j^2 m(m-1)\mu_{j1}^{(m-2)}(t) \\ \qquad + \lambda_{nl}\left[\sum_{k=0}^{m}\binom{m}{k}\mu_{j1}^{(m-k)}(t)E(d_j^k)\right] + \lambda_t \mu_{j0}^{(m)}(t) - (\lambda_{nl}+\lambda_e)\mu_{j1}^{(m)}(t) \\ \dfrac{d}{dt}\mu_{j2}^{(0)}(t) = \lambda_e \mu_{j0}^{(0)}(t) + \lambda_e \mu_{j1}^{(0)}(t) \end{cases} \quad (4.114)$$

式中：$E(d_j)=\mu_{d_j}$；$E(d_j^2)=\mu_{d_j}^2+\sigma_{d_j}^2$。由式(4.113)和式(4.114)可得下列微分方程组：

对于$j=A,B,C$

$$\begin{bmatrix} \dot{\mu}_{j0}^{(0)} \\ \dot{\mu}_{j1}^{(0)} \\ \dot{\mu}_{j0}^{(1)} \\ \dot{\mu}_{j0}^{(2)} \end{bmatrix} = \begin{bmatrix} -\lambda_t-\lambda_e & 0 & 0 & 0 \\ \lambda_t & -\lambda_e & 0 & 0 \\ \alpha_j+\lambda_{nl}\mu_{d_j} & 0 & -\lambda_t-\lambda_e & 0 \\ \beta_j^2+\lambda_{nl}(\mu_{d_j}^2+\sigma_{d_j}^2) & 0 & 2\alpha_j+2\lambda_{nl}\mu_{d_j} & -\lambda_t-\lambda_e \end{bmatrix} \begin{bmatrix} \mu_{j0}^{(0)} \\ \mu_{j1}^{(0)} \\ \mu_{j0}^{(1)} \\ \mu_{j0}^{(2)} \end{bmatrix} \quad (4.115)$$

对于 $j=D$

$$\begin{bmatrix} \dot{\mu}_{j0}^{(0)} \\ \dot{\mu}_{j1}^{(0)} \\ \dot{\mu}_{j0}^{(1)} \\ \dot{\mu}_{j1}^{(1)} \\ \dot{\mu}_{j0}^{(2)} \\ \dot{\mu}_{j1}^{(2)} \end{bmatrix} = \begin{bmatrix} -\lambda_t-\lambda_e & 0 & 0 & 0 & 0 & 0 \\ \lambda_t & -\lambda_e & 0 & 0 & 0 & 0 \\ \alpha_j+\lambda_{nl}\mu_{d_j} & 0 & -\lambda_t-\lambda_e & 0 & 0 & 0 \\ 0 & \alpha_j+\lambda_{nl}\mu_{d_j} & \lambda_t & -\lambda_e & 0 & 0 \\ \beta_j^2+\lambda_{nl}(\mu_{d_j}^2+\sigma_{d_j}^2) & 0 & 2\alpha_j+2\lambda_{nl}\mu_{d_j} & 0 & -\lambda_t-\lambda_e & 0 \\ 0 & \beta_j^2+\lambda_{nl}(\mu_{d_j}^2+\sigma_{d_j}^2) & 0 & 2\alpha_j+2\lambda_{nl}\mu_{d_j} & \lambda_t & -\lambda_e \end{bmatrix} \begin{bmatrix} \mu_{j0}^{(0)} \\ \mu_{j1}^{(0)} \\ \mu_{j0}^{(1)} \\ \mu_{j1}^{(1)} \\ \mu_{j0}^{(2)} \\ \mu_{j1}^{(2)} \end{bmatrix}$$

(4.116)

由于系统在任意时刻必定属于两离散状态之一,对于 $j=A,B,C,D$ 显然有

$$\mu_{j0}^{(0)}(t)+\mu_{j1}^{(0)}(t)+\mu_{j2}^{(0)}(t)=1 \quad (4.117)$$

由式(4.115)、式(4.116)、式(4.117),系统可靠度估计值 $R_{SHS}(t)$ 可由下式计算:

$$\begin{aligned} R_{SHS}(t) &= \sum_{i=0}^{2} \Pr(q(t)=i) \cdot \{R_{D|q=i}(t)+R_{A|q=i}(t) \cdot R_{B|q=i}(t) \cdot R_{C|q=i}(t) \cdot [1-R_{D|q=i}(t)]\} \\ &= \mu_{A0}^{(0)}(t) \cdot \{R_{D|q=0}(t)+R_{A|q=0}(t) \cdot R_{B|q=0}(t) \cdot R_{C|q=0}(t) \cdot [1-R_{D|q=0}(t)]\} \\ &\quad + \mu_{A1}^{(0)}(t) \cdot R_{D|q=1}(t) \end{aligned}$$

(4.118)

式中,$R_{j|q=i}(t)$ $(j=A,B,C,D;i=0,1,2)$ 由下式计算:

$$R_{j|q=i}(t) = \Phi\left(\frac{H_j-\mu_{ji}^{(1)}(t)/\mu_{ji}^{(0)}(t)}{\sqrt{\mu_{ji}^{(2)}(t)/\mu_{ji}^{(0)}(t)+[\mu_{ji}^{(1)}(t)/\mu_{ji}^{(0)}(t)]^2}}\right) \quad (4.119)$$

式中:$\mu_{j0}^{(0)}(t)$、$\mu_{j0}^{(1)}(t)$、$\mu_{j0}^{(2)}(t)$ $(j=A,B,C,D)$ 由求解微分方程组式(4.115)、式(4.116)、式(4.117)得到。

4.4.3.4 结果和讨论

为了对比随机混合系统模型和二项失效率模型对退化系统可靠度预计的准确性,通过蒙特卡罗仿真生成了 $M=1\times10^4$ 个系统样本的测试数据,参数取值见表4.5。随机混合系统模型的参数估计方法参考4.4.2.4节,二项失效率模型及其参数估计方法参考4.4.4节。基于生成的数据,分别用随机混合系统模型和二项失效率模型估计系统可靠度。图4.14对比了由随机混合系统模型和二项失效率模型计算得到的可靠度估计值和故障前时间的概率密度函数。在图4.14中,以蒙特卡罗仿真得到的数据作为"真值",为对比两模型的预测精度提供参考。

表 4.5 AFP 系统的参数取值

参　　数	取　　值	参　　数	取　　值
M	1×10^4	N	5×10^3
H_A,H_B,H_C	1.25×10^{-3}	H_D	2.5×10^{-3}
$\alpha_A,\alpha_B,\alpha_C$	8.4823×10^{-9}	α_D	4.2412×10^{-9}
β_A,β_B,β_C	6.0016×10^{-10}	β_D	6.0016×10^{-10}
$\mu_{dA},\mu_{dB},\mu_{dC}$	1×10^{-4}	μ_{dD}	2×10^{-4}
$\sigma_{dA},\sigma_{dB},\sigma_{dC}$	2×10^{-5}	σ_{dD}	2×10^{-5}
λ_{nl}	5×10^{-4}	λ_t	5×10^{-5}
λ_e	6×10^{-5}	$t_{\max}$	1×10^5

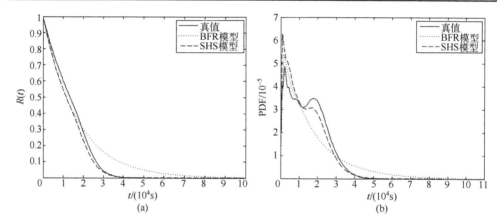

图 4.14 AFP 系统 SHS 模型和 BFR 模型计算结果对比
（a）可靠度估计值；（b）系统 TTF 的概率密度函数。

随机混合系统模型的计算时间复杂度主要由求解式(4.115)、式(4.116)中线性微分方程组所耗费的计算时间复杂度决定。在本例中，线性常微分方程组在 Matlab 2013a 环境下，采用 forth-order Runge-Kutta 方法求解。该算法的计算时间复杂度为 $O(t_{\max}/h)O(n)$，其中 $t_{\max}$ 是考虑的时间区间 $(0,t_{\max})$ 的右端点，h 是 Runge-Kutta 算法的时间步长，n 是致命性冲击的类型数，在本例中 $n=2$。可以看出计算时间复杂度主要由时间步长的大小和致命性冲击的种类决定。Runge-Kutta 法的计算精度为 $O(h^5)$。因此，在实际应用中，应在计算成本和计算精度上做适当的权衡。

如图 4.14 所示，以蒙特卡罗仿真生成的数据为参考真值，由随机混合系统模型估计得到的系统可靠度比二项失效率模型的结果更准确。系统 TTF 的概率密度函数是双峰函数，可见组件退化对系统故障行为有重要影响。因此，考虑了组件退化过程的随机混合系统模型对系统可靠度的估计更加准确。为分析影响系统可靠度的敏感因素,对随机混合系统模型的参数 α_j、μ_{d_j}、λ_{nl}、λ_t、λ_e($j=A,B,C,D$)进行了敏感性分析。在各参数初始值(见表 4.5)的基础上,通过调整每个参数的取值为其初始值的 2 倍或 3 倍,研究系统可靠度对这些参数的敏感性。计算结果见图 4.15 和图 4.16。

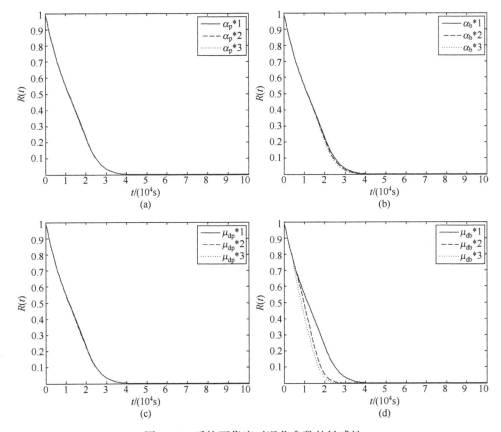

图 4.15 系统可靠度对退化参数的敏感性
(a) 管道退化率 α_A、α_B、α_C;(b) 拦洪坝退化率 α_D;
(c) 管道平均冲击损伤 μ_{d_A}、μ_{d_B}、μ_{d_C};(d) 拦洪坝平均冲击损伤 μ_{d_D}。

如图 4.15 所示,系统可靠度对拦洪坝的退化参数(尤其是非致命性冲击引发的累积退化增量参数)更加敏感。这是因为拦洪坝在系统中结构重要度最高,如图 4.11 中的故障树所示。由图 4.16,系统可靠度对非致命性冲击和地震的发生率更为敏感。非致命性冲击为系统各组件带来累积退化影响,而地震对 AFP 系统具有强影响:地震的发生会直接导致系统失效。相反,台风只能导致管道的破裂,系统状态还受到拦洪坝状态的影响,因此系统可靠度对台风发生率的敏感度相对较低。

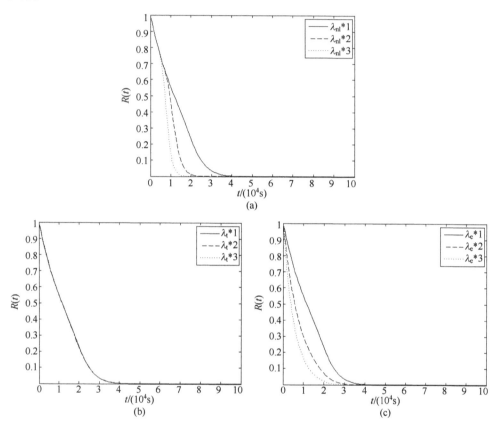

图 4.16 系统可靠度对冲击参数的敏感性
(a) 非致命性冲击发生率 λ_{nl};(b) 台风发生率 λ_t;(c) 地震发生率 λ_e。

4.4.4 附录

4.4.4.1 系统共因失效的二项失效率模型

在二项失效率模型的框架下,组件 A、B、C 是承受独立失效、非致命性冲击导致的共因失效和致命性冲击导致的共因失效 3 类失效的相同组件:

(1) 在正常工作条件下,每个组件的独立失效概率为 p_{ind};

(2) 当一个非致命性冲击发生时,每个组件失效的条件概率是 p_{cc},各组件的失效事件彼此独立;

(3) 当一个致命性冲击发生时,所有组件同时失效。

令 $N(t)$ 表示在时间区间 $(0,t]$ 内失效的组件数目,则在二项失效率模型中,如果非致命性冲击和致命性冲击均未发生,则 $N(t)$ 服从二项分布 $B(3,p_{ind})$;如果非致命性冲击发生,$N(t)$ 服从二项分布 $B(3,p_{cc})$。令 $p_{nl}(t)$、$p_1(t)$ 分别表示 t 时刻发生非致命性冲击和致命性冲击的概率,则 t 时刻 3 个组件均失效的概率是

$$\Pr(N(t)=3)=p_1+(1-p_1)\cdot[p_{nl}\cdot p_{cc}^3+(1-p_{nl})\cdot p_{ind}^3] \tag{4.120}$$

根据系统结构函数(4.82),由二项失效率模型估算系统可靠度的表达式为

$$R_{BFR}(t)=1-\Pr(N(t)=3) \tag{4.121}$$

如 4.4.2.1 节的假设,非致命性冲击和致命性冲击的发生服从强度为 λ_{nl},λ_l 的齐次泊松过程。于是,$p_{nl}(t)$、$p_1(t)$ 可表示为

$$\begin{cases} p_{nl}(t)=1-\exp(-\lambda_{nl}t) \\ p_1(t)=1-\exp(-\lambda_l t) \end{cases} \tag{4.122}$$

在二项失效率模型中,每个组件在正常工作条件下的独立失效时间服从指数分布:

$$p_{ind}(t)=1-\exp(-\lambda_{ind}t) \tag{4.123}$$

式中:λ_{ind} 为组件的独立失效率。

4.4.4.2 二项失效率模型的参数估计

为应用式(4.121)估计系统可靠度,需根据试验数据或现场数据估计参数 λ_{nl}、λ_l、λ_{ind}、p_{cc}。传统的二项失效率模型参数估计基于共因失效事件数据,然而在本章中,假设监测冲击数据和组件失效数据是已知的,因此,采用一种基于这两类已知数据的模型参数估计方法。除了 4.4.2.4 节介绍的致命性冲击到达时间和非致命性冲击计数数据之外,二项失效率模型的参数估计还需以下两类数据:

(1)非致命性冲击导致的失效事件数 $\{N_{nlf}^{(p)}\}$,其中 $N_{nlf}^{(p)}$ 是第 p 个系统样本在时间区间 $(0,t_N]$ 内出现的由非致命性冲击导致的组件失效事件数。

(2)独立失效的到达时间 $T_{indf}^{(q)}(q=1,2,\cdots,n_{indf})$,其中 n_{indf} 是 M 个系统样本在时间区间 $(0,t_N]$ 出现的组件独立失效的总次数。

参数 λ_{nl}、λ_l 的极大似然估计值由式(4.90)获得,参数 λ_{ind}、p_{cc} 的极大似然估计为

$$\hat{\lambda}_{ind}=\frac{n_{indf}}{\sum_{q=1}^{n_{indf}}T_{indf}^{(q)}} \tag{4.124}$$

$$\hat{p}_{cc}=\frac{\sum_{p=1}^{M}N_{nlf}^{(p)}}{\sum_{p=1}^{M}N_{nl}^{(p)}} \tag{4.125}$$

4.5 本章小结

本章在第三章提出的相关故障行为的随机混合自动机模型的基础上,讨论这一模型的高效分析问题。在本章中发现,当随机混合自动机满足一定条件,可以退化为随机混合系统时,相关故障行为模型的可靠性分析可以通过一种半解析的方法,更为高效地进行。具体来说,通过 Dynkin 公式,可以得到描述状态变量各阶条件矩的常微分方程组;通过求解这一常微分方程组,可以得到状态变量的各阶条件矩;最后,可以通过一次二阶矩法以及马尔可夫不等式分别进行可靠度的点估计和单侧置信下限估计。通过单元层和系统层的两个例子对所提出方法进行了验证。结果显示,相较于基于蒙特卡罗仿真的分析方法提出的半解析分析方法在取得同等精度的同时,显著降低了所需的计算量。

第五章

考虑相关故障行为的动态可靠性评估

如本书第一章所回顾的,大多数针对相关故障行为的研究属于离线分析(off-line analysis)的范畴:假定在系统的整个寿命周期内,系统可靠性模型中的参数是已知的且不随时间和环境条件发生改变。这样的离线分析方法有两点主要缺陷:①为了预先估计模型参数,需要获取大量的经验数据,这在实际中通常很难实现;②离线分析不能反映任何在系统寿命周期内与时间相关的特性。如今,传感器系统的发展使得机械设备和电子设备的条件监测(condition monitoring)得以实现,从而为系统可靠性评价提供更多的信息。基于条件监测数据,可以采用数据驱动的(data-driven)或基于模型(model-based)的方法,在线评估和预测系统可靠度和剩余寿命(remaining useful life,RUL)。因此,本章以多相关竞争故障过程(MDCFP)为例,探讨相关故障行为的动态可靠性评估方法。

5.1 相关故障行为动态可靠性评估的研究现状

由于故障过程相互关联,冲击在实际中难以观测等原因,考虑故障相关性的系统剩余寿命预计十分困难。因此,文献中仅有少量研究聚焦于相关故障行为的剩余寿命预计问题。Wang 等[234]提出了一种基于粒子滤波(particle filtering)的考虑多相关竞争故障过程的系统剩余寿命预测方法,该方法考虑了由退化和冲击损伤导致的软失效和由冲击和退化损伤导致的硬失效。Ke 等[235]研究了受随机冲击影响的非平稳退化过程的剩余寿命预计问题,并提出了一种改进的卡尔曼滤波模型用于估计系统的退化状态和退化模型参数。该模型采用 EM(expectation maximization)算法获得参数的极大似然估计,但要求冲击到达时间已知。Zhang 等[236]研究了承受退化和随时间变化的随机跳跃的系统,并提出了一种系统寿命的近似解析求解方法,其中模型参数由一个两阶段 ECM(expectation conditional maximization)算法估计。

现有的相关故障行为在线分析模型通常假设系统失效仅由退化过程导致,而在实际中,系统有时也会呈现出由随机冲击导致的硬失效。此外,现有模型往往基于一条严格假设:冲击的到达时间可以观测[235],这一条件通常难以实现。为了克服上述现有研究的局限性,在本章中,提出了一种序贯贝叶斯方法用于相关故障行为的剩余寿命预计。对比于现有模型,本方法具有下列两个主要创新点:

(1) 解决了硬失效作用下相关故障行为的剩余寿命问题;
(2) 解决了冲击不可观测情况下的冲击过程参数估计问题。

5.2 系统描述

选取文献[2]中的系统作为示例系统,该系统受到相关退化过程 $x(t)$ 和随机冲击过程 $W(t)$ 的影响。根据冲击载荷的大小,随机冲击分为两类:一次致命性冲击(冲击载荷大于等于临界值 D)会直接导致系统故障;一次非致命性冲击(冲击载荷小于临界值 D)会为退化过程 $x(t)$ 带来额外的退化增量 S,如图 5.1 所示。

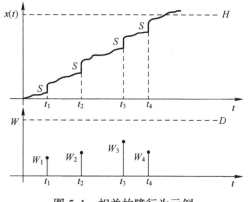

图 5.1 相关故障行为示例

关于系统故障行为的其余假设有
(1) 连续退化过程服从一个漂移布朗运动(又称维纳过程,见本书第一章):
$$x(t)=\varphi+\eta t+\sigma_x B(t) \tag{5.1}$$
式中:η 为退化率;φ 为初始退化量(本例假定初始退化量为零);$B(t)$ 为标准布朗运动;$B(t) \sim \text{Normal}(0,t)$;$\sigma_x$ 为漂移系数。

(2) 随机冲击过程服从强度为 λ 的齐次泊松过程。
(3) 冲击载荷 W_i 是独立同正态分布的随机变量,$W_i \sim \text{Normal}(\mu_W,\sigma_W^2)$ ($i=1,2,\cdots$)
(4) 一次非致命性冲击($W_i<D$)为退化过程 $x(t)$ 带来一个增量 S,$S>0$。
(5) 下列两事件中的任何一个事件发生,则系统故障:

- 退化过程达到其失效阈值 H(软失效);
- 一个致命性冲击发生(硬失效)。

(6) 系统退化状态的条件监测数据 $y_{1:k}=\{y_i,i=1,\cdots,k\}$,分别采集于时刻 $t=t_1,t_2,\cdots,t_k$,其中 $t_k-t_{k-1}=t_{k-1}-t_{k-2}=\cdots=t_2-t_1=\tau$,$y_i$ 是在 $t=t_i$ 时刻采集的退化量:

$$y_i = z(t_i) + \delta_y \tag{5.2}$$

式中:$\delta_y \sim \text{Normal}(0,\sigma_y^2)$ 为观测噪声;$z(t_i)$ 为考虑了连续退化过程和随机冲击损伤的总退化量:

$$z(t_i) = x(t_i) + \sum_{j=1}^{N(t_i)} I(W_j < D) \cdot S \tag{5.3}$$

式中:$N(t_i)$ 为 t_i 时刻之前到达的冲击数;$I(\cdot)$ 为示性函数:

$$I(A) = \begin{cases} 1 & (A \text{ 为真}) \\ 0 & (A \text{ 为假}) \end{cases} \tag{5.4}$$

(7) 在监测周期 $(t_{i-1},t_i]$($i=2,3,\cdots,k$)内至多到达一次冲击。

5.3 马尔可夫链蒙特卡罗仿真理论基础

对 5.2 节中描述的系统进行动态可靠性评价,从本质上看,是一个利用贝叶斯理论计算后验分布的问题:假设模型参数为 $\boldsymbol{\theta}$,观测数据为 $y_1,y_2,\cdots,y_n$,需要做的事实上是计算在观测数据的条件下,模型参数取值的后验分布 $p(\boldsymbol{\theta}|y_1,y_2,\cdots,y_n)$。根据贝叶斯定理,这一后验分布可以由下式计算得到

$$p(\boldsymbol{\theta}|y_1,y_2,\cdots,y_n) = \frac{p(\boldsymbol{\theta}) \cdot p(y_1,y_2,\cdots,y_n|\boldsymbol{\theta})}{p(y_1,y_2,\cdots,y_n)} \tag{5.5}$$

式中:分母 $p(y_1,y_2,\cdots,y_n)$ 通常是通过计算一个高维积分得到的,即

$$p(y_1,y_2,\cdots,y_n) = \int_{\boldsymbol{\theta}} p(\boldsymbol{\theta}) \cdot p(y_1,y_2,\cdots,y_n|\boldsymbol{\theta}) \tag{5.6}$$

在大部分的实际问题中,由于模型参数和观测数据往往具有很高的维度,因此,直接求解这一高维积分是非常困难的。为了解决这个问题,人们通常采用数值模拟的方法,直接从后验分布中生成大量的样本,用这些样本来近似后验分布。马尔可夫链蒙特卡罗仿真方法(MCMC),就是最常用的一类这种数值模拟方法。

MCMC 算法是一种从后验分布中生成仿真样本的数值模拟方法。算法是迭代进行的。因此,通过 MCMC 算法,将得到参数向量 $\boldsymbol{\theta}$ 的一个仿真序列 $\boldsymbol{\theta}^{(j)}$($j=1,2,\cdots$)。可以证明,当步长 j 足够大以后,$\boldsymbol{\theta}^{(j)}$ 将收敛于一个由后验分布中生成的随机序列。换而言之,MCMC 算法事实上构造了一个马尔可夫链,这一马尔可夫链的不变分布即为所需要求取的后验分布。因此,当模拟的步数足够长时,可以认为生成的样本来自此马尔可夫链的不变分布(即后验分布)。

严格来讲,仿真序列中的各个元素不是独立的,但是它们之间的相关性将随着元素之间间隔的增大而逐渐消失。因此,当 MCMC 算法迭代了充分大的步数之后,(如 m 次),算法产生的仿真序列 $\theta^{(m)},\theta^{(m+1)},\cdots,\theta^{(m+K)}$,可以近似地认为相互独立,构成来自后验分布的独立同分布样本。而 m 次迭代之前的仿真称作算法的老炼阶段,所产生的仿真序列 $\theta^{(1)},\cdots,\theta^{(m-1)}$ 则并不能认为是来自后验分布的样本,通常需要被从后续的统计分析中排除。常见的 MCMC 算法有两类:Metropolis-Hastings 算法和 Gibbs 抽样。本节后续部分将分别予以介绍。

5.3.1 Metropolis-Hastings 算法

Metropolis-Hastings 算法的基本思想是,基于当前样本 $\theta^{(j)}$,按照一定的概率分布随机生成下一个样本点 $\theta^{(j+1)}$,然后进行一次逻辑判断,如果 $\theta^{(j+1)}$ 比 $\theta^{(j)}$ 更加近似来自后验分布的样本,那么就保留 $\theta^{(j+1)}$,继续下一步的迭代;如果相反,$\theta^{(j)}$ 比 $\theta^{(j+1)}$ 更加近似来自后验分布的样本,那么就删去这个生成的样本点,保留 $\theta^{(j)}$,继续下一步的迭代。当迭代步数足够长的时候,生成的随机序列即可用于近似参数的后验分布。

Metropolis-Hastings 算法的具体实施步骤如下:

算法的第一步是生成候选点,将候选点记为 θ^*。与当前点相比,候选点一般只在一个或者两个元素上被更新。例如,对于正态分布,参数 $\theta=(\mu,\sigma^2)$。在应用 Metropolis-Hastings 算法的时候,通常会交替地对参数 μ 和参数 σ^2 进行更新。一种常用的产生方法是在当前点 $\theta^{(j-1)}$ 的某一个元素 $\theta_i^{(j-1)}$ 上叠加一个服从零均值正态分布的随机元素。此时,候选点 θ^* 的各个元素可以表示为

$$\begin{cases} \theta_i^* = \theta_i^{(j-1)} + sZ \\ \theta_k^* = \theta_k^{(j-1)} \quad (k \neq i) \end{cases} \tag{5.7}$$

式中:Z 为服从标准正态分布的随机变量;s 为常数。对于连续的参数向量,$f(\theta^* \mid \theta^{(j-1)})$ 被称为"建议密度函数",用于基于当前样本点 $\theta^{(j-1)}$ 生成候选点 θ^*。在式(5.7)中,采用的建议密度函数 $f(\cdot)$ 即为一个均值为 $\theta_i^{(j-1)}$、标准差为 s 的正态分布。对于离散的参数向量,$f(\cdot)$ 代表用于生成候选点的分布律函数。类似地,将由 θ^* 生成 $\theta^{(j-1)}$ 的概率密度函数记为 $f(\theta^{(j-1)} \mid \theta^*)$。

如何选取建议密度函数呢?理论上,任何满足以下 3 个条件的概率密度或者分布律函数都能作为建议密度函数。①从参数空间的任意子集出发,按照建议密度函数生成下一个样本点,应该能够保证在有限步数内,移动到参数空间的任意位置。②建议密度函数不能使构造的马尔可夫链具有周期性。通俗地说,这一点要求等效于,在任意时间段,在参数空间中的自由移动均可能发生。③对于所有 $\theta^{(j-1)}$ 和 θ^*,建议密度函数都应该满足以下条件:

$$0 < \frac{f(\boldsymbol{\theta}^* \mid \boldsymbol{\theta}^{(j-1)})}{f(\boldsymbol{\theta}^{(j-1)} \mid \boldsymbol{\theta}^*)} < \infty$$

在得到了候选点 $\boldsymbol{\theta}^*$ 之后,可以进行算法的第二步:计算候选点的接收概率。接收概率是指候选点被接收作为下一次迭代的起点的概率。把接收概率记为 r。在 MCMC 算法中,接收概率可以用下式计算:

$$r = \min\left(1, \frac{p(\boldsymbol{\theta}^* \mid \text{data}) f(\boldsymbol{\theta}^{(j-1)} \mid \boldsymbol{\theta}^*)}{p(\boldsymbol{\theta}^{(j-1)} \mid \text{data}) f(\boldsymbol{\theta}^* \mid \boldsymbol{\theta}^{(j-1)})}\right) \tag{5.8}$$

在上式中,接收概率被表示为两项的乘积,第一项为产品在候选点和当前点的后验分布比值,即,$p(\boldsymbol{\theta}^* \mid \text{data})/p(\boldsymbol{\theta}^{(j-1)} \mid \text{data})$。这一部分将保证具有较高的后验概率的取值有更大的概率被留下。第二项为当前点和候选点的建议密度函数的比值,即,$f(\boldsymbol{\theta}^{(j-1)} \mid \boldsymbol{\theta}^*)/f(\boldsymbol{\theta}^* \mid \boldsymbol{\theta}^{(j-1)})$。这一部分将使得样本点移动到建议密度函数更大的取值的位置。在很多情况下,选取的建议密度是对称的,也就是说,如果 $f(\boldsymbol{\theta}^{(j-1)} \mid \boldsymbol{\theta}^*) = f(\boldsymbol{\theta}^* \mid \boldsymbol{\theta}^{(j-1)})$,此时,第二项比值就是 1,因此,在计算接收概率的时候可以被忽略掉。

得到接收概率之后,则可以执行 Metropolis-Hastings 算法的第三步:按照概率 r 接受或拒绝候选点,从而决定下一次迭代的起点。具体步骤如下:首先,生成一个服从均匀分布 $(0,1)$ 的随机数,记为 u,并比较 u 与 r 的值。如果 $u \leqslant r$,那么接受候选点:$\boldsymbol{\theta}^{(j)} = \boldsymbol{\theta}^*$($\boldsymbol{\theta}^{(j)}$ 表示下一个样本)。如果 $u > r$,则拒绝候选点:$\boldsymbol{\theta}^{(j)} = \boldsymbol{\theta}^{(j-1)}$(保持原来的样本不变,重新进行下一次迭代)。上述过程将对 $\boldsymbol{\theta}$ 的每一个元素重复进行。

上述迭代过程将被重复进行,直到达到所需要的样本量。需要特别注意的是,上述过程需要老炼,即人为地去除仿真刚开始一段时间内的样本序列,以保证生成样本之间的独立性。图 5.2 展示了应用 Metropolis-Hastings 算法的流程。

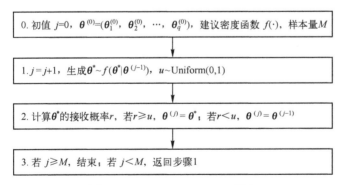

图 5.2　Metropolis-Hastings 算法

5.3.2 Gibbs 抽样

Metropolis-Hastings 算法是一种简单有效的,从后验分布中生成样本的数值模拟算法。但是,该方法的应用效果依赖于选择的建议密度函数与真实的后验分布密度函数之间的接近程度。在实际工作中,往往很难保证选择的建议密度函数与真实的后验分布函数之间足够接近。通常,选择的建议密度函数相对于后验分布可能出现"过宽"和"过窄"两种情况。"过窄"是指建议密度函数的取值范围比真实的后验分布要小。如果建议密度函数相对于后验密度函数"过窄",Metropolis-Hastings 算法的大部分时间都将在参数空间的一个有限区域(建议密度函数覆盖的区域)内"游走",而无法访问到后验密度函数覆盖的其他区域。除此之外,在这种情况下,算法产生的随机样本之间通常具有较强的相关性,使得有效的独立样本量很小。另一方面,如果建议密度函数"过宽",算法会长时间后始终停留在一个状态,导致产生有效样本的效率大大降低。

为了解决 Metropolis-Hastings 算法的这些缺陷,Gibbs 抽样这一算法应运而生。Gibbs 抽样的总体思路与 Metropolis-Hastings 算法非常类似,二者均是通过不断迭代的过程,以达到生成来自后验分布的样本的目的。Gibbs 抽样的主要特点体现在如何生成下一个样本点上:对参数向量中的每一个元素,都指定一个抽样时采用的条件后验分布,而不是像 Metropolis-Hastings 算法中那样,仅给出一个建议密度函数。同时,按照抽样分布生成的元素,也会被直接选定为下一个迭代点,而不需要再通过接收概率进行接收或拒绝的判定。具体来说,假设参数向量 $\boldsymbol{\theta}$ 包含 q 个元素: $\boldsymbol{\theta}=(\boldsymbol{\theta}_1,\boldsymbol{\theta}_2,\cdots,\boldsymbol{\theta}_q)$,每个元素的条件后验分布为

$$p_1(\boldsymbol{\theta}_1 | \boldsymbol{\theta}_2,\cdots,\boldsymbol{\theta}_q,\text{data})$$
$$p_2(\boldsymbol{\theta}_2 | \boldsymbol{\theta}_1,\boldsymbol{\theta}_3,\cdots,\boldsymbol{\theta}_q,\text{data})$$
$$\vdots$$
$$p_q(\boldsymbol{\theta}_q | \boldsymbol{\theta}_1,\cdots,\boldsymbol{\theta}_{q-1},\text{data})$$

这些后验分布,是将参数向量中的其他元素都视为常数,利用贝叶斯公式推导、简化得到的。在最简单的情况下,即 $q=2$ 时,p_1 的概率密度代表了给定 $\boldsymbol{\theta}_2$ 取值的条件下元素 $\boldsymbol{\theta}_1$ 的条件后验概率密度。同样,p_2 是在给定 $\boldsymbol{\theta}_1$ 条件下元素 $\boldsymbol{\theta}_2$ 的条件后验概率密度。在很多情况下,直接从参数向量 $\boldsymbol{\theta}$ 中生成样本是困难的。然而,从各个条件后验密度 $p_1,p_2,\cdots,p_q$ 中产生仿真数据是可能的。在这种情况下,Gibbs 抽样算法就可以用图 5.3 来描述。

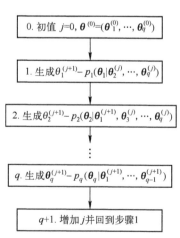

图 5.3 q 维参数向量 $\boldsymbol{\theta}$ 的后验分布抽样的 Gibbs 抽样算法[237]

5.4 相关故障行为可靠性动态评估的序贯贝叶斯方法

本节介绍相关故障行为剩余寿命预计的序贯贝叶斯方法。5.4.1节介绍相关故障行为的状态空间模型;5.4.2~5.4.4节介绍序贯贝叶斯方法:基于新采集的观测数据更新状态空间模型的参数估计值;5.4.5节介绍基于更新参数的系统剩余寿命预计方法。

5.4.1 相关故障行为的状态空间模型

令 $\boldsymbol{\theta}_k = [z_k, \eta_k, S_k, \lambda_k]$ 表示 $t=t_k$ 时刻相关故障行为的状态变量。相关故障行为的状态空间模型由一个过程模型和一个观测模型组成,其中,过程模型描述了状态变量随时间的变化规律,观测模型描述了状态变量与观测数据 y_k 的关系:

$$\begin{cases} \boldsymbol{\theta}_k = h(\boldsymbol{\theta}_{k-1}) + \boldsymbol{\omega} & (\text{过程模型}) \\ y_k = g(\boldsymbol{\theta}_k) + \nu & (\text{观测模型}) \end{cases} \quad (5.9)$$

式中:ω 和 ν 分别为过程噪声和观测噪声。

假设状态变量 η 和 S 受到来自环境和工作条件的过程噪声的影响,η 和 S 的时变过程模型表示为

$$\begin{cases} \eta_k = \eta_{k-1} + \omega_\eta \\ S_k = S_{k-1} + \omega_S \end{cases} \quad (5.10)$$

式中:$\omega_\eta \sim \text{Normal}(0, \sigma_\eta^2)$ 和 $\omega_S \sim \text{Normal}(0, \sigma_S^2)$ 分别为 η 和 S 的过程噪声。此外,假设状态变量 λ 是一未知常数(如同5.2节假设的,齐次泊松过程的强度在给定时间段内是一个常数)。因此,λ 的过程模型表示为

$$\lambda_k = \lambda_{k-1} = \cdots = \lambda_0 \quad (5.11)$$

根据假设2,t 时刻前到达的冲击数 $N(t; \lambda_0)$ 服从泊松分布:

$$\Pr\{N(t; \lambda_0) = n\} = \frac{(\lambda_0 t)^n \cdot \exp(\lambda_0 t)}{n!}, \quad n \in \mathbb{N} \quad (5.12)$$

令 p_f 表示冲击属于致命性冲击的概率,p_d 表示冲击属于非致命性冲击的概率。根据假设3和4,p_f 和 p_d 由下式计算:

$$p_f = 1 - \Phi\left(\frac{D - \mu_W}{\sigma_W}\right), \quad p_d = \Phi\left(\frac{D - \mu_W}{\sigma_W}\right) \quad (5.13)$$

式中:$\Phi(\cdot)$ 为标准正态分布的累积分布函数。根据文献[212],冲击过程可划分为两个相互独立的齐次泊松过程:一个致命性冲击过程 $\{N_f(t; \lambda_f)\}$ 和一个非致命性冲击过程 $\{N_d(t; \lambda_d)\}$,其中 λ_f, λ_d 分别为致命性冲击和非致命性冲击过程的强度,且有 $\lambda_f = p_f \lambda_0, \lambda_d = p_d \lambda_0$。

基于假设 1 定义的连续退化过程和假设 4 定义的故障过程相关关系，z_k 的过程模型可表示为

$$z_k = z_{k-1} + \tau \cdot \eta_k + S_k \cdot I(N(t;p_d\lambda_k) = 1) + \omega_z \quad (5.14)$$

式中：τ 为假设 6 定义的数据采集周期。由式（5.3），过程噪声 $\omega_z \sim \text{Normal}(0, \sigma_x^2 \tau)$。

由式（5.2）可得相关故障行为的观测模型：

$$\begin{aligned} y_k &= g(\boldsymbol{\theta}_k) + \nu \\ &= z_k + \delta_y \end{aligned} \quad (5.15)$$

式中：观测噪声 $\nu = \delta_y \sim \text{Normal}(0, \sigma_y^2)$。

5.4.2 参数估计的序贯贝叶斯框架

基于式（5.9）~式（5.15）定义的状态空间模型，在 $t = t_i (i = 1, 2, \cdots, k)$ 时刻，已知 t 时刻及以前的观测数据，模型参数 $\boldsymbol{\theta}$ 的估计值可由一种序贯贝叶斯框架更新。本节以 $t = t_k$ 时刻为例，介绍这一序贯贝叶斯框架。

根据贝叶斯原理，$\boldsymbol{\theta}_k$ 的后验概率密度（posterior probability density）可由下式计算：

$$\begin{aligned} p(\boldsymbol{\theta}_k | y_{1:k}) &= p(z_k, \eta_k, S_k, \lambda_k | y_{1:k}) \\ &= \frac{p(y_{1:k} | z_k, \eta_k, S_k, \lambda_k) \cdot p(z_k, \eta_k, S_k, \lambda_k)}{p(y_{1:k})} \end{aligned} \quad (5.16)$$

由于式（5.16）分布形式复杂，难以直接求解，本节提出一种混合 Gibbs-Metropolis-Hastings（MH）算法，如图 5.4 所示，生成 N_S 个样本 $\boldsymbol{\theta}_k^{(i)} = [z_k^{(i)}, \eta_k^{(i)}, S_k^{(i)}, \lambda_k^{(i)}] (i = 1, 2, \cdots, N_S)$ 来近似 $\boldsymbol{\theta}_k$ 的后验分布。

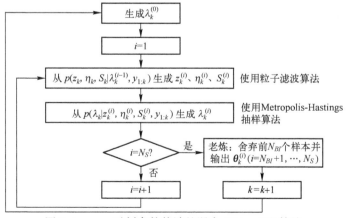

图 5.4 $t = t_k$ 时刻参数估计的混合 Gibbs-MH 算法

算法由两个迭代步骤组成:第一步,由条件分布 $p(z_k,\eta_k,S_k|\lambda_k^{(i-1)},y_{1:k})$ 生成样本 $z_k^{(i)}$、$\eta_k^{(i)}$、$S_k^{(i)}$,考虑到 $p(z_k,\eta_k,S_k|\lambda_k^{(i-1)},y_{1:k})$ 的解析形式过于复杂,采用粒子滤波算法(具体见5.4.3节)递归生成样本 $z_k^{(i)}$、$\eta_k^{(i)}$、$S_k^{(i)}$;第二步,采用 MH 抽样算法,由条件分布 $p(\lambda_k|z_k^{(i)},\eta_k^{(i)},S_k^{(i)},y_{1:k})$ 生成一个样本 $\lambda_k^{(i)}$(具体见5.4.4节)。按照图5.4所示的算法生成的 $\boldsymbol{\theta}_k^{(i)}(i=1,2,\cdots,N_S)$ 构成一个马尔可夫链,其平稳分布为 $p(\boldsymbol{\theta}_k|y_{1:k})$[238]。因此,经过足够多次的迭代,生成的序列 $\boldsymbol{\theta}_k^{(i)}(i=N_{BI}+1,2,\cdots,N_S)$ 收敛为模型参数后验分布的样本。考虑到算法通常需要经历几次迭代之后才能收敛到平稳分布,为了获得更加精确的近似后验密度,在早期"老炼"阶段生成的序列最初的 N_{BI} 个样本会被剔除。

5.4.3 退化参数更新的粒子滤波算法

考虑到粒子滤波算法适用于处理非线性退化过程的退化状态估计问题[239-242],采用粒子滤波算法由条件分布 $p(z_k,\eta_k,S_k|\lambda_k^{(i-1)},y_{1:k})$ 生成样本 $z_k^{(i)}$、$\eta_k^{(i)}$、$S_k^{(i)}$,如图5.4所示。基于 $\lambda_k^{(i-1)}$,相关故障行为的状态空间模型表示为

$$\begin{cases}\begin{pmatrix}z_k\\\eta_k\\S_k\end{pmatrix}=\begin{pmatrix}z_{k-1}+\eta_{k-1}\cdot\tau+S_{k-1}\cdot I(N(\tau;p_d\lambda_k^{(i-1)})=1)\\\eta_{k-1}\\S_{k-1}\end{pmatrix}+\begin{pmatrix}\omega_z\\\omega_\eta\\\omega_S\end{pmatrix}\\y_k=z_k+\nu\end{cases} \quad (5.17)$$

式中:ω_η、ω_S、ω_z 和 ν 分别为式(5.9)、式(5.10)、式(5.14)、式(5.15)中定义的过程噪声和观测噪声;$\lambda_k^{(i-1)}$ 为混合 Gibbs-MH 算法第二步"MH 抽样"获得的冲击过程强度。

令 $\boldsymbol{J}_k=[z_k,\eta_k,S_k]$,在粒子滤波算法中,$\boldsymbol{J}_k$ 的后验分布 $p(\boldsymbol{J}_k|y_{1:k},\lambda_k^{(i-1)})$ 由贝叶斯原理递归地估计[239,243]:

$$p(\boldsymbol{J}_k|y_{1:k})=\frac{p(y_k|\boldsymbol{J}_k)p(\boldsymbol{J}_k|y_{1:k-1})}{\int p(y_k|\boldsymbol{J}_k)p(\boldsymbol{J}_k|y_{1:k-1})\mathrm{d}\boldsymbol{J}_k} \quad (5.18)$$

为了表达简洁和避免歧义,在式(5.18)和本节后续部分的条件概率表达式中省去了 $\lambda_k^{(i-1)}$。在式(5.18)中,$p(y_k|\boldsymbol{J}_k)$ 由式(5.17)中的观测模型决定,$p(\boldsymbol{J}_k|y_{1:k-1})$ 由下式得到:

$$p(\boldsymbol{J}_k|y_{1:k-1})=\int p(\boldsymbol{J}_k|\boldsymbol{J}_{k-1})p(\boldsymbol{J}_{k-1}|y_{1:k-1})\mathrm{d}\boldsymbol{J}_{k-1}, \quad (5.19)$$

式中:$p(\boldsymbol{J}_k|\boldsymbol{J}_{k-1})$ 由式(5.17)定义的过程模型确定,$p(\boldsymbol{J}_{k-1}|y_{1:k-1})$ 由 $t=t_{k-1}$ 时刻粒子滤波算法的输出获得。

在粒子滤波算法中,式(5.18)由序贯重要度抽样算法(sequential importance

sampling algorithm[239])近似,其中,后验密度 $p(J_k|y_{1:k})$ 由一组分配了权重的随机样本(称为"粒子")近似,记为 $\{J_k^{(j)}, w_k^{(j)}\}(j=1,2,\cdots,M)$:

$$p(J_k|y_{1:k}) \approx \sum_{j=1}^{M} w_k^{(j)} \delta(J_k - J_k^{(j)}) \quad (5.20)$$

式中:$\delta(\cdot)$ 为 Dirac delta 函数。在时刻 $t=t_k$,由后验密度 $p(J_k|J_{k-1})$ 生成粒子:

$$J_k^{(j)} \sim p(J_k|J_{k-1}) \quad (5.21)$$

各粒子的权重 $w_k^{(j)}$ 由下式更新[239]:

$$w_k^{(j)} = \frac{w_{k-1}^{(j)} p(y_k|J_k^{(j)})}{\sum_{i=1}^{M} w_{k-1}^{(j)} p(y_k|J_k^{(j)})} \quad (5.22)$$

根据式(5.20),状态变量的条件后验密度可由 $\{J_k^{(j)}, w_k^{(j)}\}(j=1,2,\cdots,M)$ 近似表示,$z_k^{(i)}$、$\eta_k^{(i)}$、$S_k^{(i)}$ 可从样本集合 $\{J_k^{(j)}\}(j=1,2,\cdots,M)$ 中抽取,第 j 个粒子 $J_k^{(j)}$ 被抽到的概率是 $w_k^{(j)}$。用于生成 $z_k^{(i)}$、$\eta_k^{(i)}$、$S_k^{(i)}$ 的算法见算法 5.1。

算法 5.1 生成 $z_k^{(i)}$、$\eta_k^{(i)}$、$S_k^{(i)}$ 的粒子滤波算法

输入:$\{J_{k-1}^{(j)}, w_{k-1}^{(j)}, j=1,2,\cdots,M\}$,$y_k$

输出:$z_k^{(i)}, \eta_k^{(i)}, S_k^{(i)}$

1: for $j = 1:M$ do
2:    根据式(5.21)抽取 $J_k^{(j)}$;
3: end for
4: 根据式(5.22)更新 $w_k^{(j)}(j=1,2,\cdots,M)$;
5:    $N_{\text{eff}} = \left(\sum_{i=1}^{M} (w_k^j)^2 \right)^{-1}$;
6: if $N_{\text{eff}} < M/2$ then
7:    采用系统重抽样算法(systematic resampling algorithm)进行重抽样;
8: end if
9: 从 $\{J_k^{(j)}\}$ 中抽取一个样本作为 $z_k^{(i)}$、$\eta_k^{(i)}$、$S_k^{(i)}$、$\Pr(J_k^{(j)}$ 被抽中$) = w_k^{(j)}$。

5.4.4 冲击过程强度更新的 MH 抽样算法

采用 MH 算法[238]由条件后验密度 $p(\lambda_k|z_k^{(i)}, \eta_k^{(i)}, S_k^{(i)}, y_{1:k})$ 生成 $\lambda_k^{(i)}$。对于冲击过程来说,除了条件监测数据 $y_{1:k}$,系统正常工作时间 t_k 也可被用于更新冲击过程强度的后验分布,它意味着 t_k 之前没有发生过致命性冲击,即 $N_f(t_k) = 0$(否则,

系统会在 t_k 之前故障)。为了表达简洁和避免歧义,在本节的后续介绍中去掉了 $\lambda_k^{(i)}$ 后验密度表达式中的 $z_k^{(i)}$、$\eta_k^{(i)}$、$S_k^{(i)}$,并以 $p(\lambda_k | y_{1:k}, N_f(t_k) = 0)$ 表示 $\lambda_k^{(i)}$ 的后验密度。

根据贝叶斯原理,$\lambda_k^{(i)}$ 的后验密度可由下式得到

$$p(\lambda_k | y_{1:k}, N_f(t_k) = 0) \propto p(y_{1:k}, N_f(t_k) = 0 | \lambda_k) p(\lambda_k)$$
$$= p(y_{1:k} | \lambda_k) \cdot p(N_f(t_k) = 0 | \lambda_k) \cdot p(\lambda_k) \quad (5.23)$$

式中:先验分布 $p(\lambda_k)$ 在本节中假定为均匀分布 $\text{Uniform}(\underline{\lambda}, \overline{\lambda})$,$p(N_f(t_k) = 0 | \lambda_k)$ 可由下式计算:

$$p(N_f(t_k) = 0 | \lambda_k) = e^{-\lambda_k \cdot p_f \cdot t_k} \quad (5.24)$$

式中:p_f 可由式(5.13)计算。

为了简化 $p(y_{1:k} | \lambda_k)$ 的计算,忽略式(5.17)中状态空间模型的观测噪声 ν 和过程噪声 ω_η、ω_S。于是,$p(y_{1:k} | \lambda_k)$ 可由式(5.25)计算,其中 $\varphi(\cdot)$ 为标准正态密度函数;σ_x 为式(5.17)中定义的退化量的过程噪声;$\eta_k^{(i)}$ 和 $S_k^{(i)}$ 为图5.4中第一步中生成的马尔可夫链蒙特卡罗(Markov chain Monte Carlo,MCMC)样本。需要注意的是,在式(5.25)中,$p(z_i | z_{i-1})$ 由式(5.14)中定义的过程模型决定。

$$p(y_{1:k} | \lambda_k) = p(z_{1:k} | \lambda_k)$$
$$= p(z_1 | z_0) \cdot \prod_{j=2}^{k} p(z_j | z_{j-1}, \lambda_k)$$
$$= p(z_1 | z_0) \cdot \prod_{j=2}^{k} [p(z_j | z_{j-1}, N_d(\tau) = 1) \cdot \Pr(N_d(\tau) = 1)$$
$$+ p(z_j | z_{j-1}, N_d(\tau) = 0) \cdot \Pr(N_d(\tau) = 0)]$$
$$= \varphi\left(\frac{y_1}{\sigma_x}\right) \prod_{j=2}^{k} \left[\varphi\left(\frac{y_j - y_{j-1} - \eta_k^{(i)}\tau - S_k^{(i)}}{\sigma_x}\right) \cdot (p_d \lambda_k \tau)\right.$$
$$\left. \cdot \exp(-p_d \lambda_k \tau) + \varphi\left(\frac{y_j - y_{j-1} - \eta_k^{(i)}\tau}{\sigma_x}\right) \cdot \exp(-p_d \lambda_k \tau)\right] \quad (5.25)$$

MH 算法从后验分布中迭代地抽取样本:在每一次迭代中,不妨以迭代 j 为例,首先由一个建议密度(proposal density)$g(\cdot)$ 中生成一个候选点(candidate point)λ_k^*,本例选取先验分布 $\text{Uniform}(\underline{\lambda}, \overline{\lambda})$ 作为建议密度。于是,该候选点的接受概率,记为 r,由下式计算:

$$r = \min\left(1, \frac{p(\lambda_k^* | y_{1:k}, N_f(t_k) = 0)}{p(\lambda_k^{(j-1)} | y_{1:k}, N_f(t_k) = 0)} \cdot \frac{g(\lambda_k^{(j-1)} | \lambda_k^*)}{g(\lambda_k^* | \lambda_k^{(j-1)})}\right)$$
$$= \min\left(1, \frac{p(y_{1:k} | \lambda_k^*) \cdot p(N_f(t_k) = 0 | \lambda_k^*)}{p(y_{1:k} | \lambda_k^{(j-1)}) \cdot p(N_f(t_k) = 0 | \lambda_k^{(j-1)})}\right) \quad (5.26)$$

候选点被接受的概率为 r,被拒绝的概率是 $(1-r)$。不断重复上述过程,直至

生成足够多的样本来近似后验密度。通常情况下,MCMC 算法需要经历几次迭代之后才能收敛到平稳分布。为了获得更加精确的近似后验密度,在 MCMC 算法的早期"老炼"阶段生成的样本会被剔除,因为这些样本反映出的分布特性与平稳分布相差较大[244]。

对于不受硬失效影响的系统,例如文献[235-236]中的系统(一般情况下没有致命性冲击会作用于这些系统),式(5.26)可简化为

$$r=\min\left(1,\frac{p(y_{1:k}|\lambda_k^*)}{p(y_{1:k}|\lambda_k^{(j-1)})}\right) \quad (5.27)$$

上述 MH 算法的主要结构见算法 5.2。

算法 5.2　生成 $\lambda_k^{(i)}$ 的 MCMC-MH 抽样算法[238]

输入:$\underline{\lambda},\overline{\lambda},J_k^{(i)},y_{1:k},t_k$

输出:$\lambda_k^{(i)}$

1:从 Uniform($\underline{\lambda},\overline{\lambda}$)中抽取 λ_k^*;

2:由式(5.26)计算接受概率 r;

3:从 Uniform(0,1)中抽取 u

4:if $u \leqslant r$ then

5:　　设置 $\lambda_k^{(i)}=\lambda_k^*$;

6:else

7:　　设置 $\lambda_k^{(i)}=\lambda_k^{(i-1)}$;

8:end if

5.4.5　剩余寿命预计方法

采用图 5.4 所示算法生成 N_S 个样本 $\boldsymbol{\theta}_k^{(i)}=[z_k^{(i)},\boldsymbol{\eta}_k^{(i)},S_k^{(i)},\lambda_k^{(i)}]$($i=1,2,\cdots,N_S$)来近似 $t=t_k$ 时刻的后验分布 $p(\boldsymbol{\theta}|y_{1:k})$,基于这些样本可预计系统的剩余寿命。

在 5.2 节定义的相关故障行为中,硬失效是随机的,因此,系统剩余寿命应当以概率密度函数的形式预计。令 RUL_k 表示 $t=t_k$ 时刻预计的系统剩余寿命,TTF_k 表示 $t=t_k$ 时刻更新的故障前时间(time-to-failure)。可以看出 RUL_k 是一个条件随机变量(conditional random variable)[245],其表达式为 $\mathrm{RUL}_k=(\mathrm{TTF}_k-t_k|\mathrm{TTF}_k>t_k)$,即系统正常工作到时刻 t_k 的条件下系统的剩余寿命,且

$$(\mathrm{TTF}_k|\mathrm{TTF}_k>t_k)=\min\{(\mathrm{TTSF}|y_{1:k},\mathrm{TTSF}>t_k),(\mathrm{TTHF}|\mathrm{TTHF}>t_k)\} \quad (5.28)$$

式中:TTSF 和 TTHF 分别为软失效前时间和硬失效前时间。

在式(5.28)中,条件随机变量(TTSF$|y_{1:k}$,TTSF$>t_k$)由退化过程的首穿时(first passage time)决定:

$$(\text{TTSF}|y_{1:k},\text{TTSF}>t_k)=\inf\{t_{k+l}:z_{k+l}\geq H|z_k,z_k<H\} \quad (5.29)$$

式中:z_{k+l}由式(5.17)预测。

根据假设2,硬失效过程服从一个强度参数为$p_f\lambda$的泊松过程。因此,TTHF是一个随机变量,服从参数为$p_f\lambda_k$的指数分布,TTHF$\sim\exp(p_f\lambda_k)$。故条件随机变量TTHF$|$TTHF$>t_k$的累积分布函数可由下式计算:

$$P(\text{TTHF}\leq t|\text{TTHF}>t_k)=\frac{P(t_k<\text{TTHF}\leq t)}{P(\text{TTHF}>t_k)}$$
$$=1-\exp(-p_f\lambda_k(t-t_k)) \quad (5.30)$$

故有

$$(\text{TTHF}-t_k|\text{TTHF}>t_k)\sim\exp(p_f\lambda_k) \quad (5.31)$$

将式(5.31)和式(5.29)代入式(5.28),即可得到RUL_k的分布。考虑到式(5.31)和式(5.29)的复杂度,采用一种基于仿真的方法估算系统的剩余寿命,见算法5.3。

算法5.3 剩余寿命估计算法

输入:$\boldsymbol{\theta}_k^{(i)}=[z_k^{(i)},\eta_k^{(i)},S_k^{(i)},\lambda_k^{(i)}]$,$i=1,2,\cdots,N_S$

输出:$\{RUL_k^{(j)},j=1,\cdots,N_s\}$

1: for $j=1:N_s$ do
2:    $l=1$;
3:    while 1 do
4:       将$\boldsymbol{\theta}=\boldsymbol{\theta}_k^{(j)}$代入式(5.17)计算$z_{k+l}^{(j)}$;
5:       if $z_{k+l}\geq H$ then
6:          $RUL_{S,k}^{(j)}=l$;break
7:       else
8:          $l=l+1$;
9:       end if
10:    end while
11:    从指数分布$\exp(p_f\lambda_k^{(j)})$抽取$RUL_{H,k}^{(j)}$
12:    $RUL_k^{(j)}=\min(RUL_{S,k}^{(j)},RUL_{H,k}^{(j)})$;
13: end for

算法 5.3 同样适用于仅受到软失效影响的系统，在这类情况下，不考虑 $RUL_{H,k}$ 而仅由 $RUL_{S,k}$ 确定系统剩余寿命。

5.5　模型对比与案例应用

针对与 5.2 节相似的系统，Ke 等[235]提出了一种系统剩余寿命的预计方法，下文以"Ke 模型"代称。本节通过两个数值案例对比了序贯贝叶斯方法和"Ke 模型"的性能：5.5.1 节以文献[235]中的数值案例验证了序贯贝叶斯方法的正确性，该算例仅考虑了冲击过程和退化过程的相关关系，而不考虑系统发生硬失效的情况；5.5.2 节进一步讨论了考虑系统硬失效的情况。

5.5.1　冲击不可观测条件下的模型对比

本节考虑一个承受退化和非致命性冲击的系统。除了关于系统硬失效的假设之外，系统故障过程与本章 5.2 节的假设一致，因此在本例中，冲击属于致命性冲击的概率为零，即 $p_f=0$。系统退化数据和冲击到达时间（用于"Ke 模型"的参数估计）由蒙特卡罗仿真生成，用于生成仿真数据的参数真值见表 5.1。

表 5.1　用于生成仿真数据的参数真值

参　　数	描　　述	真　　值
η_0	退化率	0.5
S_0	冲击损伤	0.5
λ_0	冲击强度	0.53
τ	测量周期	0.2
σ_x^2	标准布朗运动的扩散系数	0.05
H	软失效阈值	53.63
N_M	测量点数目	500

基于仿真生成的数据，分别采用序贯贝叶斯方法和"Ke 模型"估计模型参数并预测系统剩余寿命。采用序贯贝叶斯方法估计模型参数需要的数据是系统退化量数据，而采用"Ke 模型"估计模型参数则需要系统退化量数据和精确记录的冲击到达时间，其中后者在实际中往往很难获取。为此，在仿真计算中记录冲击到达时间数据为一个二态变量序列 $\{I_s(t_k)(k=1,2,\cdots,N_M)\}$，其中 $I_s(t_k)=1$ 表示在时间区间 $[t_{k-1},t_k)$ 内有一个冲击发生；相反，$I_s(t_k)=0$ 表示该区间内没有冲击发生。为了生成不准确的冲击到达时间数据，给定错误率 q，在每个测量时间点 t_k 由分布 Uniform(0,1) 生成一个随机数 r：如果 $r<q$，将 $I_s(t_k)$ 替换为错误的数据 $I_s^c(t_k)=1-I_s(t_k)$；否则，$I_s(t_k)$ 保

持正确值。

采用序贯贝叶斯方法预测系统剩余寿命时,假设参数 z,η,S 的先验分布分别为 Normal$(0,0.05)$,Uniform$(0.4,0.6)$ 和 Uniform$(0.4,0.6)$,状态空间模型各参数的取值见表 5.2,设置样本量为 $M=100, N_s=500$。一般情况下,选取的样本越多,所得到参数估计值和剩余寿命预测值越精确。该方法的计算时间复杂度正比于 $M \times N_s$。因此,在计算时应权衡计算精度与计算的时间成本,从而确定适宜的样本量大小。

表 5.2 序贯贝叶斯方法的模型参数取值

参 数	取 值	参 数	取 值
σ_x^2	0.05	σ_y^2	1×10^{-2}
σ_η^2	1×10^{-4}	$\underline{\lambda}$	1×10^{-3}
σ_S^2	1×10^{-4}	$\overline{\lambda}$	1

图 5.5~图 5.7 和图 5.8 分别对比了由序贯贝叶斯方法和"Ke 模型"计算得到的参数 $z、\eta、S$ 和系统剩余寿命,图 5.9 给出了由序贯贝叶斯方法估计的冲击过程强度 λ。其中,图 5.5(a)、图 5.6(a) 和图 5.7 分别展示了由序贯贝叶斯方法估计的参数 $\eta、S、\lambda$ 后验分布的均值和置信度为 90% 的置信区间;由于文献[235]中仅讨论了参数后验分布均值的计算方法,图 5.6(b) 和图 5.7(b) 仅展示了由"Ke 模型"估计的参数 $\eta、S$ 后验分布的均值。

如图 5.5 所示,基于观测的退化数据,两种方法均给出了系统退化量的准确估计。然而,如图 5.6、图 5.7 和图 5.8 所示,"Ke 模型"仅在观测的冲击到达时间完全精确的条件下才能给出退化模型参数和系统剩余寿命的准确估计值。相反,如果冲击到达时间数据是不准确的,例如,冲击数据错误率为 70% 的情况,由"Ke 模型"估计的退化模型参数和系统剩余寿命存在较大偏差。在冲击数据不准的情况下,"Ke 模型"参数估计值的平均误差率(average error rates)见表 5.3。如表 5.3 所列,"Ke 模型"的估计精度随冲击数据错误率 q 的增加而显著下降。如图 5.10 所示,序贯贝叶斯方法可以在不具备冲击到达时间观测条件的情况下准确估计冲击过程强度。

表 5.3 冲击到达时间数据不准情况下"Ke 模型"参数估计值的平均误差率

冲击数据错误率 q	$q=0$	$q=0.1$	$q=0.3$	$q=0.5$	$q=0.7$
η 估计值的平均误差率	0.0682	0.1294	0.2972	0.7487	1.2403
S 估计值的平均误差率	0.0344	0.5107	0.8129	0.9791	1.1528
平均误差率 = $\sum_{k=1}^{N_M}$ |估计值$_k$ - 真值|/(真值 · N_M)					

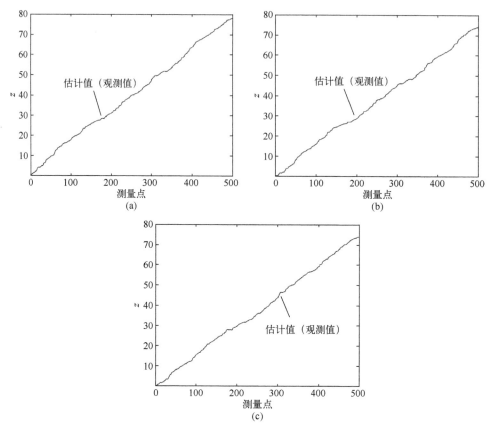

图 5.5 退化量 z 估计值对比

(a) 序贯贝叶斯方法；(b) 准确冲击记录下的 "Ke 模型"；
(c) 不准确冲击记录下的 "Ke 模型"，错误率 $q=70\%$。

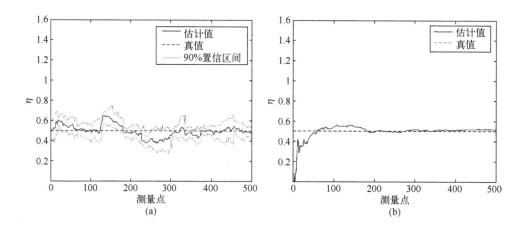

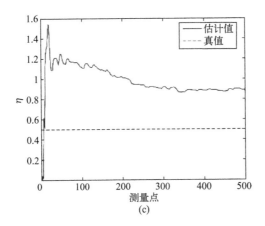

图 5.6 退化率 η 估计值对比

(a) 序贯贝叶斯方法；(b) 准确冲击记录下的"Ke 模型"；(c) 不准确冲击记录下的"Ke 模型"，错误率 $q=70\%$。

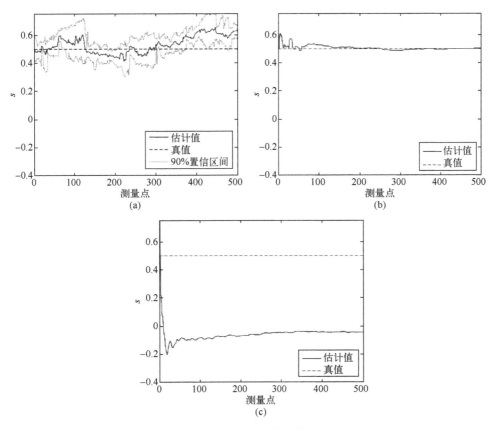

图 5.7 冲击损伤 S 估计值对比

(a) 序贯贝叶斯方法；(b) 准确冲击记录下的"Ke 模型"；(c) 不准确冲击记录下的"Ke 模型"，错误率 $q=70\%$。

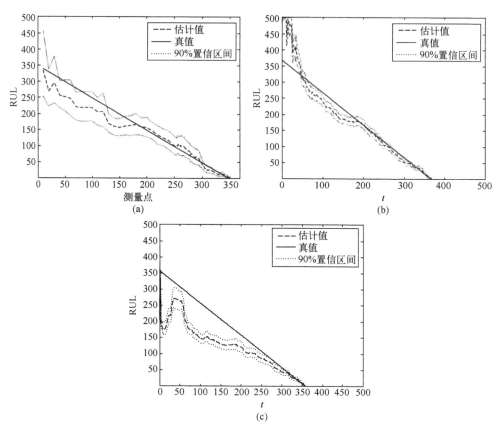

图 5.8 系统剩余寿命预计值对比

（a）序贯贝叶斯方法；（b）准确冲击记录下的"Ke 模型"；
（c）不准确冲击记录下的"Ke 模型"，错误率 $q=70\%$。

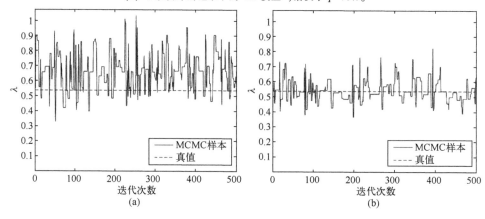

图 5.9 MCMC 仿真的收敛性分析

（a）$t=t_{200}$；（b）$t=t_{450}$。

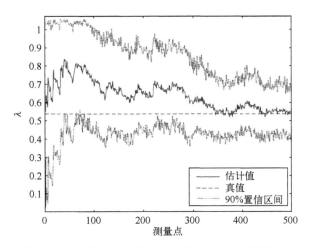

图 5.10 由序贯贝叶斯方法估计的冲击过程强度 λ

通过图 5.6~图 5.10 的对比可知,在冲击到达时间观测数据不准确的情况下,序贯贝叶斯方法估计模型参数和系统剩余寿命的准确度高于"Ke 模型";序贯贝叶斯方法估计模型参数和系统剩余寿命不要求冲击到达时间数据可测。

在本例中,序贯贝叶斯方法在每一个观测点的 MCMC 收敛性由参数样本的轨迹图(trace plot)反映。以参数 λ 在时刻 $t=t_{200}$ 和 $t=t_{450}$ 的轨迹图为例,如图 5.9(a) 和图 5.9(b)所示,在给定的迭代次数内,MCMC 样本收敛到了参数真值;此外,随着更多的退化监测数据被采集和用于冲击过程强度估计,MCMC 样本的方差成显著减小的趋势。

5.5.2 硬失效影响下的模型对比

本节考虑一个承受相关软失效和硬失效的系统,对比序贯贝叶斯方法和"Ke 模型"估计系统剩余寿命的效果。系统故障过程与 5.2 节的假设一致,另假设 $\mu_w=1.2, \sigma_w=0.2, D=1.5$,则 p_f 可由式(5.13)计算。采用表 5.1 所列的参数真值仿真生成退化数据和冲击到达时间数据。在本例中,仿真得到的系统真实失效时间为 t_{158},失效模式是硬失效。

本例将沿用 5.5.1 节设置的序贯贝叶斯方法的参数先验分布和状态空间模型参数,并设置仿真样本量为 $M=100, N_s=500$。同样地,选取的样本越多,所得到参数估计值和剩余寿命预测值越精确。该方法的计算时间复杂度正比于 $M \times N_s$。因此,在计算时应权衡计算精度与计算的时间成本,从而确定适宜的样本量大小。

图 5.11、图 5.12 和图 5.13 分别对比了由序贯贝叶斯方法和"Ke 模型"计算得到的参数 z、η、S 和系统剩余寿命,图 5.14 给出了由序贯贝叶斯方法估计的冲击过

程强度 λ。图中分别展示了由序贯贝叶斯方法得到的被估参数后验分布的均值和置信度为 90% 的置信区间,以及由 "Ke 模型" 得到的被估参数后验分布的均值。

如图 5.11 和图 5.12 所示,两种方法均能给出退化率 η 和冲击损伤 S 的准确估计。如图 5.14 所示,无需冲击到达时间数据,序贯贝叶斯方法可以准确估计冲击过程强度。由图 5.15 可知,由序贯贝叶斯方法估计的系统剩余寿命的概率密度函数比 "Ke 模型" 的估计结果更准确,"Ke 模型" 对系统剩余寿命的预计结果则过于乐观。造成 "Ke 模型" 乐观估计系统剩余寿命的主要原因是:该方法忽略了承受随机冲击的系统发生硬失效的可能性,而在本例中,系统在其寿命周期的早期发生了硬失效。尽管彼时系统的退化量仍远低于其软失效阈值,随机失效的发生使得系统的"自然"剩余寿命并未得以延续。

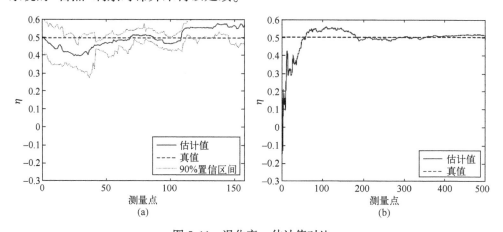

图 5.11　退化率 η 估计值对比
(a) 序贯贝叶斯方法;(b) "Ke 模型"。

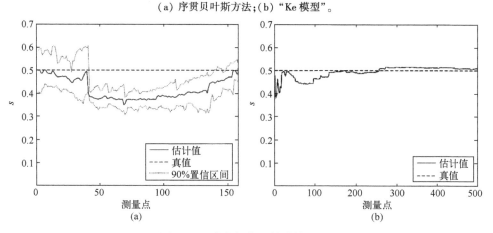

图 5.12　冲击损伤 S 估计值对比
(a) 序贯贝叶斯方法;(b) "Ke 模型"。

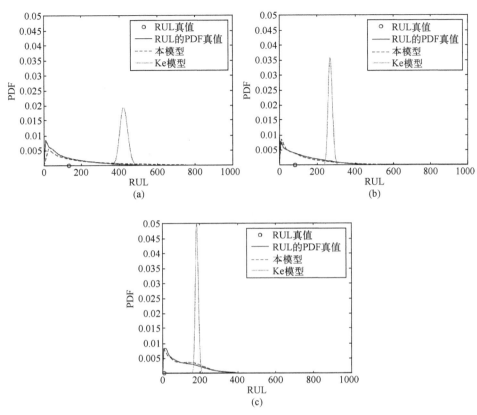

图 5.13 系统剩余寿命估计值对比

（a）$t=t_{25}$；（b）$t=t_{75}$；（c）$t=t_{150}$。

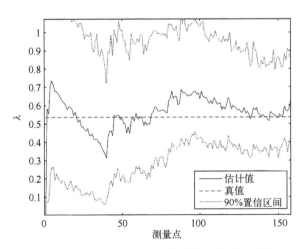

图 5.14 由序贯贝叶斯方法估计的冲击过程强度 λ

在本例中,序贯贝叶斯方法在每一个观测点的 MCMC 收敛性由参数样本的轨迹图反映。以参数 λ 在时刻 $t=t_{50}$ 和 $t=t_{150}$ 的轨迹图为例,如图 5.15(a) 和图 5.15(b) 所示,在给定的迭代次数内,MCMC 样本收敛到了参数真值;此外,随着更多的退化监测数据被采集和用于冲击过程强度估计,MCMC 样本的方差呈显著减小的趋势。

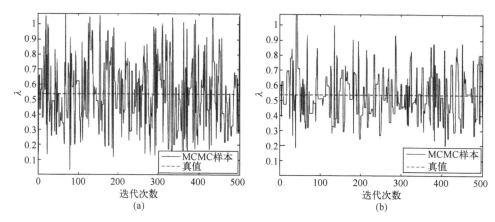

图 5.15　MCMC 仿真的收敛性分析
(a) $t=t_{50}$；(b) $t=t_{150}$。

5.5.3　铣刀相关竞争故障过程动态可靠性评估示例

在本节中,将序贯贝叶斯方法用于分析铣床铣刀磨损的真实数据[245]。原始数据包含了 16 种不同工作条件下的铣刀磨损数据。在本例中,选取其中的第 11 组共 20 个测量点的数据用于铣刀状态估计和剩余寿命预测。铣刀软失效的阈值选取文献[235]中设置的阈值 0.42。由于铣刀案例的数据中并没有关于铣刀硬失效的记录,本例中不考虑硬失效对铣刀寿命的影响。

模型参数的估计结果见图 5.16,系统退化量和系统剩余寿命的估计结果见图 5.17。由于铣刀磨损数据样本量较小,图 5.16 中的模型参数估计结果没有本章前两个数值算例中的结果稳健,但足够支持对系统磨损数据的较好拟合。

此外,如图 5.17 所示,系统剩余寿命的估计值在观测初期有一定的上升趋势:这是由于退化轨迹在第二个测量点和第六个测量点之间呈现出极低的退化率,致使模型对系统剩余寿命产生了过于乐观的估计。同样地,由于第二个测量点和第六个测量点之间的异常退化趋势,相应的系统剩余寿命的 90% 置信区间相对较宽,此处生成的剩余寿命样本方差较大。

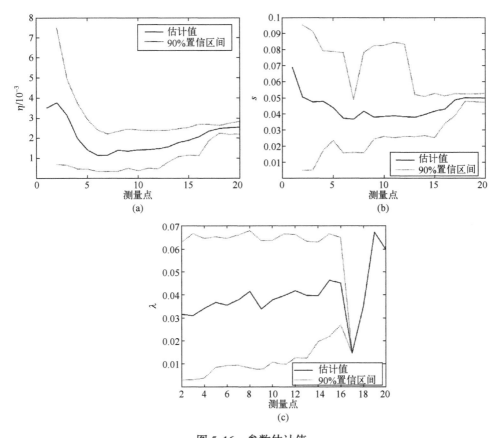

图 5.16 参数估计值

(a) 退化率;(b) 冲击损伤;(c) 冲击过程强度。

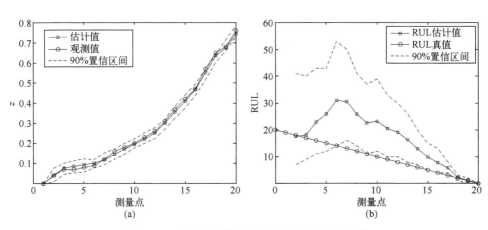

图 5.17 系统退化量和系统剩余寿命的估计值

(a) 系统退化量估计值;(b) 系统剩余寿命估计值。

5.6 本章小结

在本章中,针对相关故障行为影响的可靠性动态评估与剩余寿命预测这一问题开展研究,给出了一种基于序贯贝叶斯更新的评价方法。相较于文献中的其他方法,这一方法的特点在于,仅需要对退化量进行观测,而不需要对冲击到来的时刻进行观测。通过一个数值算例验证了所提出方法的正确性。除此之外,还通过某铣刀相关竞争故障过程的真实案例,验证了所提出方法的有效性。上述应用的结果显示,所提出的基于序贯贝叶斯更新的方法,能够对存在相关故障行为的系统开展准确的动态可靠性评价及剩余寿命预测。

第六章

总结与展望

正如第一章中讨论过的,如何准确地刻画相关性影响下的产品故障行为,是可靠性理论研究与应用中一个至关重要的问题。本书的两位作者从博士阶段开始,就对这一问题进行了深入的研究和探索。本书的主要内容,即是两位作者近年来针对相关故障行为的可靠性建模、分析与动态评价等问题最新研究成果的总结。具体而言,在本书中:

(1) 首先,从故障机理与故障机理模型出发,分别从单元与系统两个层次给出了相关故障行为的建模方法;在单元层次,给出了多机理共同作用下的相关故障行为建模方法;在系统层次,针对单元之间存在相互作用的系统,给出了考虑功能相关性的相关故障行为建模方法。

(2) 随后,提出了一种基于随机混合自动机理论的相关故障行为建模的通用方法。该方法将影响单元或系统相关故障行为的过程抽象为离散过程与连续过程,将相关故障行为抽象为4类:离散过程对连续过程的影响、离散过程对离散过程的影响、连续过程对离散过程的影响以及连续过程对连续过程的影响,并分别讨论了故障行为的建模方法。针对相关故障行为影响下的可靠性分析问题,给出了一种基于蒙特卡罗仿真的分析方法,并通过一个航空液压滑阀的真实案例,验证了所提建模与分析方法的有效性。

(3) 在相关故障行为的随机混合自动机模型的基础上,进而研究了这一模型的高效分析问题。当随机混合自动机满足一定条件,可以退化为随机混合系统。对于随机混合系统,可以通过 Dynkin 公式得到描述状态变量各阶条件矩的常微分方程组;通过求解这一常微分方程组,可以得到状态变量的各阶条件矩;最后,可以通过一次二阶矩法以及马尔可夫不等式分别进行可靠度的点估计和单侧置信下限估计。通过单元层和系统层的两个例子对所提出方法进行了验证。结果显示,相较于基于蒙特卡罗仿真的分析方法提出的半解析分析方法在取得同等精度的同时,显著降低了所需的计算量。

(4) 最后,针对相关故障行为影响的可靠性动态评估与剩余寿命预测这一问题,给出了一种基于序贯贝叶斯更新的评价方法。相较于文献中的其他方法,这一方法的特点在于,仅需要对退化量进行观测,而不需要对冲击到来的时刻进行观测。通过一个数值算例验证了所提出方法的正确性,并通过某铣刀相关竞争故障过程的真实案例,验证了所提出方法的有效性。上述应用的结果显示,提出的基于序贯贝叶斯更新的方法,能够对存在相关故障行为的系统开展准确的动态可靠性评价及剩余寿命预测。

  本书的内容,代表着作者对相关故障模型的描述和刻画这一问题做出的一些探索。随着研究的深入,越发真切地感受到,所做的这部分工作,还是存在不小的局限性的。例如,所提出的模型与方法,大都基于较为理想的假设。在工程实际中,这些假设的适用性仍有待检验。除此之外,在现有的认知范围内,一些其他类型相关故障行为(如系统层次多个单元间的从属失效现象、复杂网络中的相关故障现象等)的建模与分析问题,仍有待深入研究。此外,如何基于故障物理分析、系统退化数据和故障数据识别系统在实际中表现出的相关故障行为模式,也是支撑相关故障行为建模的有价值的研究方向。

  不能否认的是,在认知范围之外,相关故障行为的内在机理与其对系统可靠运转带来的影响,恰如浩瀚宇宙中的种种奥秘,仍然有待感兴趣的研究者不断地挖掘和探索。我们相信,在人类认识故障规律、刻画故障规律并试图运用故障规律改造世界,设计更加可靠产品的漫漫征途上,对相关故障行为的认识、理解与刻画必将是浓墨重彩的一笔。希望在这一过程中,这本书的出版,能够起到一点点抛砖引玉的作用。更希望,有兴趣的可靠性研究者们可以一起共同努力,携手推进这一领域的进步与向前发展。

参 考 文 献

[1] Cater A. Mechanical Reliability[M]. 2nd edition. London:Macmillan Education ltd,1986.
[2] Peng H,Feng Q,Coit D W. Reliability and maintenance modeling for systems subject to multiple dependent competing failure processes[J]. IIE Transactions,2010,43(1):12-22.
[3] Song S,Coit D W,Feng Q,et al. Reliability analysis for multi-component systems subject to multiple dependent competing failure processes[J]. IEEE Transactions on Reliability,2014,63(1):331-345.
[4] Gorjian N,Ma L,Mittinty M,et al. A review on degradation models in reliability analysis[C]//Engineering Asset Lifecycle Management. London:Springer,2010.
[5] Lehmann A. Degradation-threshold-shock models[M]. New York:Springer,2006.
[6] van Noortwijk J M. A survey of the application of gamma processes in maintenance[J]. Reliability Engineering & System Safety,2009,94(1):2-21.
[7] Lindstrom M J,Bates D M. Nonlinear mixed effects models for repeated measures data[J]. Biometrics,1990,46(3):673-687.
[8] Lu C J,Meeker W O. Using degradation measures to estimate a time-to-failure distribution[J]. Technometrics,1993,35(2):161-174.
[9] Yuan X X,Pandey M D. A nonlinear mixed-effects model for degradation data obtained from in-service inspections[J]. Reliability Engineering & System Safety,2009,94(2):509-519.
[10] Bae S J,Kvam P H. A nonlinear random-coefficients model for degradation testing[J]. Technometrics,2004,46(4):460-469.
[11] Bae S J,Kuo W,Kvam P H. Degradation models and implied lifetime distributions[J]. Reliability Engineering & System Safety,2007,92(5):601-608.
[12] Haghighi F,Nikulin M. On the linear degradation model with multiple failure modes[J]. Journal of Applied Statistics,2010,37(9):1499-1507.
[13] Li N,Xie W C,Haas R. Reliability-based processing of Markov chains for modeling pavement network deterioration[J]. Transportation Research Record Journal of the Transportation Research Board,1996,4:203-213.
[14] Montoro-Cazorla D,Pérez-Ocón R. Reliability of a system under two types of failures using a Markovian arrival process[J]. Operations Research Letters,2006,34(5):525-530.
[15] Ross S M. Introduction to probability models[M]. New York:Academic Press,1993.
[16] Endrenyi J,Anders G,Leite Da Silva A M. Probabilistic evaluation of the effect of maintenance on reliability. An application [to power systems] [J]. IEEE Transactions on Power Systems,1998,13(2):576-583.
[17] Welte T M,Vatn J,Heggset J. Markov state model for optimization of maintenance and renewal of hydro power components[C]. International Conference on Probabilistic Methods Applied to Power Systems,Stockholm,2006.
[18] Cox D R. Renewal Theory[J]. Encyclopedia of Statistical Sciences,1962,4(01):281-302.
[19] Pijnenburg M. Additive hazards models in repairable systems reliability[J]. Reliability Engineering & System Safety,1991,31(3):369-390.

[20] Kharoufeh J P. Explicit results for wear processes in a Markovian environment[J]. Operations Research Letters,2003,31(3):237-244.

[21] Kharoufeh J P,Cox S M. Stochastic models for degradation-based reliability[J]. IIE Transactions,2005,37(6):533-542.

[22] Kharoufeh J P,Solo C J,Ulukus M Y. Semi-Markov models for degradation-based reliability[J]. IIE Transactions,2010,42(8):599-612.

[23] Veeramany A,Pandey M D. Reliability analysis of nuclear piping system using semi-Markov process model[J]. Annals of Nuclear Energy,2011,38(5):1133-1139.

[24] Fleming K N. Markov models for evaluating risk-informed in-service inspection strategies for nuclear power plant piping systems[J]. Reliability Engineering and System Safety,2004,83(1):27-45.

[25] Chryssaphinou O,Limnios N,Malefaki S. Multi-state reliability systems under discrete time semi-Markovian hypothesis[J]. IEEE Transactions on Reliability,2011,60(1):80-87.

[26] Abdel-Hameed M. A Gamma wear process[J]. IEEE Transactions on Reliability,1975,R-24(2):152-153.

[27] Grall A,Bérenguer C,Dieulle L. A condition-based maintenance policy for stochastically deteriorating systems[J]. Reliability Engineering & System Safety,2002,76(2):167-180.

[28] Redmond D F,Christer A H,Rigden S R,et al. modelling of the deterioration and maintenance of concrete structures[J]. European Journal of Operational Research,1997,99(3):619-631.

[29] van Noortwijk J M,Frangopol D M. Two probabilistic life-cycle maintenance models for deteriorating civil infrastructures[J]. Probabilistic Engineering Mechanics,2004,19(4):345-359.

[30] Nicolai R P,Dekker R,van Noortwijk J M. A comparison of models for measurable deterioration:An application to coatings on steel structures[J]. Reliability Engineering and System Safety,2007,92(12):1635-1650.

[31] Wang X. Nonparametric estimation of the shape function in a Gamma process for degradation data[J]. Canadian Journal of Statistics,2009,37(1):102-118.

[32] Lawless J,Crowder M. Covariates and random effects in a gamma process model with application to degradation and failure[J]. Lifetime Data Analysis,2004,10(3):213-227.

[33] Guo B,Tan L. Reliability assessment of gamma deteriorating system based on Bayesian updating[C]. 8th International Conference on Reliability,Maintainability and Safety,Chengdu,2009.

[34] Buijs F A,Sayers P B. Time-dependent reliability analysis of flood defences using gamma processes[J]. Reliability Engineering & System Safety,2005,94(12):1942-1953.

[35] Zhou J,Pan Z,Sun Q. Bivariate degradation modeling based on Gamma process[J]. Lecture Notes in Engineering & Computer Science,2010,2185(1):1783-1788.

[36] Pan Z,Balakrishnan N. Reliability modeling of degradation of products with multiple performance characteristics based on gamma processes[J]. Reliability Engineering & System Safety,2011,96(8):949-957.

[37] Dykstra R L,Laud P. A Bayesian nonparametric approach to reliability[J]. Annals of Statistics,1981,9(2):356-367.

[38] Wang W,Scarf P A,Smith M A J. On the application of a model of condition-based maintenance[J]. Journal of the Operational Research Society,2000,51(11):1218-1227.

[39] Cinlar E,Bazant Z P,Osman E. Stochastic process for extrapolating concrete creep[J]. ASCE J Eng Mech Div,1977,103(6):1069-1088.

[40] Nicolai R P,Budai G,Dekker R,et al. Modeling the deterioration of the coating on steel structures:a compari-

son of methods[C]. 2004 IEEE International Conference on Systems, Man and Cybernetics, The Hague, 2004.

[41] Ross S M. Stochastic processes[M]. New York: John Wiley & Sons, 1983.

[42] Kahle W. Simultaneous confidence regions for the parameters of damage processes[J]. Statistical Papers, 1994, 35(1): 27-41.

[43] Ray A, Tangirala S. Stochastic modeling of fatigue crack dynamics for on-line failure prognostics[J]. IEEE Transactions on Control Systems Technology, 1996, 4(4): 443-451.

[44] Tseng S T, Tang J, Ku I H. Determination of burn-in parameters and residual life for highly reliable products [J]. Naval Research Logistics, 2003, 50(1): 1-14.

[45] Gebraeel N Z, Lawley M A, Li R, et al. Residual-life distributions from component degradation signals: A Bayesian approach[J]. IIE Transactions, 2005, 37(6): 543-557.

[46] Wang X. Wiener processes with random effects for degradation data[J]. Journal of Multivariate Analysis, 2010, 101(2): 340-351.

[47] Wang P, Coit D W. Reliability prediction based on degradation modeling for systems with multiple degradation measures[C]//Proceedings of the Annual Reliability and Maintainability Symposium. Los Angeles, 2004.

[48] Barker C T, Newby M J. Optimal non-periodic inspection for a multivariate degradation model[J]. Reliability Engineering and System Safety, 2009, 94(1): 33-43.

[49] Si X S, Wang W, Hu C H, et al. A Wiener-process-based degradation model with a recursive filter algorithm for remaining useful life estimation[J]. Mechanical Systems and Signal Processing, 2013, 35(1-2): 219-237.

[50] Tang J, Su T S. Estimating failure time distribution and its parameters based on intermediate data from a wiener degradation model[J]. Naval Research Logistics, 2008, 55(3): 265-276.

[51] Nikulin M S, Limnios N, Balakrishnan N, et al. Advances in Degradation Modeling[M]. Boston: Birkhäuser Boston, 2010.

[52] Elsayed E A, Liao H T. A geometric Brownian motion model for field degradation data[J]. International Journal of Materials and Product Technology, 2003, 20(1-3): 51-72.

[53] Gut A, Hüsler J. Shock models[J]. Statistics for Industry & Technology, 2010, 5: 59-76.

[54] Gut A. Mixed Shock models[J]. Bernoulli, 2001, 7(3): 541-555.

[55] Eryilmaz S. Generalized δ-shock model via runs[J]. Statistics and Probability Letters, 2012, 82(2): 326-331.

[56] Nakagawa T. Shock and damage models in reliability theory[M]. New York: Springer, 2007.

[57] Gut A, Hüsler J. Realistic variation of shock models[J]. Statistics & Probability Letters, 2005, 74(2): 187-204.

[58] Cirillo P, Hüsler J. An urn approach to generalized extreme shock models[J]. Statistics & Probability Letters, 2009, 79(7): 969-976.

[59] Cirillo P, Hüsler J. Extreme shock models: An alternative perspective[J]. Statistics & Probability Letters, 2011, 81(1): 25-30.

[60] Cha J H, Lee E Y. An extended stochastic failure model for a system subject to random shocks[J]. Operations Research Letters, 2010, 38(5): 468-473.

[61] Frostig E, Kenzin M. Availability of inspected systems subject to shocks-A matrix algorithmic approach[J]. European Journal of Operational Research, 2009, 193(1): 168-183.

[62] Lam Y, Zhang Y L. A shock model for the maintenance problem of a repairable system[J]. Computers and Operations Research, 2004, 31(11): 1807-1820.

[63] Lam Y. A Geometric Process δ-Shock Maintenance Model[J]. IEEE Transactions on Reliability,2009,58(2):389-396.

[64] Tang Y Y,Lam Y. A δ-shock maintenance model for a deteriorating system[J]. European Journal of Operational Research,2006,168:541-556.

[65] Li Z,Kong X. Life behavior of δ-shock model[J]. Statistics & Probability Letters,2007,77(6):577-587.

[66] Keedy E,Feng Q. Reliability analysis and customized preventive maintenance policies for stents with stochastic dependent competing risk processes[J]. IEEE Transactions on Reliability,2013,62(4):887-897.

[67] Wang Y,Pham H. A multi-objective optimization of imperfect preventive maintenance policy for dependent competing risk systems with hidden failure[J]. IEEE Transactions on Reliability,2011,60(4):770-781.

[68] Cha J H,Finkelstein M. On new classes of extreme shock models and some generalizations[J]. Journal of Applied Probability,2011,48(1):258-270.

[69] Rafiee K,Feng Q,Coit D W. Reliability modeling for dependent competing failure processes with changing degradation rate[J]. IIE Transactions,2014,46(5):483-496.

[70] Jiang L,Feng Q,Coit D W. Modeling zoned shock effects on stochastic degradation in dependent failure processes[J]. IIE Transactions,2015,47(5):460-470.

[71] Wang Y,Pham H. Modeling the dependent competing risks with multiple degradation processes and random shock using time-varying copulas[J]. IEEE Transactions on Reliability,2012,61(1):13-22.

[72] Ye Z,Tang L C,Xu H Y. A distribution-based systems reliability model under extreme shocks and natural degradation[J]. IEEE Transactions on Reliability,2011,60(1):246-256.

[73] Fan J,Ghurye S G,Levine R A. Multicomponent lifetime distributions in the presence of ageing[J]. Journal of Applied Probability,2000,37(2):521-533.

[74] Bagdonavičius V,Bikelis A,Kazakevičius V. Statistical analysis of linear degradation and failure time data with multiple failure modes[J]. Lifetime Data Analysis,2004,10(1):65-81.

[75] Huynh K T,Barros A,Bérenguer C,et al. A periodic inspection and replacement policy for systems subject to competing failure modes due to degradation and traumatic events[J]. Reliability Engineering & System Safety,2011,96(4):497-508.

[76] Pan Z,Balakrishnan N,Sun Q. Bivariate constant-stress accelerated degradation model and inference[J]. Communications in Statistics – Simulation and Computation,2011,40(2):247-257.

[77] Nelsen R B. An introduction to copulas[M]. New York:Springer,2006.

[78] Sari J K,Newby M J,Brombacher A C,et al. Bivariate constant stress degradation model:LED lighting system reliability estimation with two-stage modelling[J]. Quality and Reliability Engineering International,2009,25(8):1067-1084.

[79] Jiang L,Feng Q,Coit D W. Reliability analysis for dependent failure processes and dependent failure threshold[C]. 2011 International Conference on Quality,Reliability,Risk,Maintenance,and Safety Engineering,Xi'an,2011.

[80] Jiang L,Feng Q,Coit D W. Reliability and maintenance modeling for dependent competing failure processes with shifting failure thresholds[J]. IEEE Transactions on Reliability,2012,61(4):932-948.

[81] Mosleh A. Common cause failures:An analysis methodology and examples[J]. Reliability Engineering & System Safety,1991,34(3):249-292.

[82] Virolainen R K. State of the art of Level-1 PSA methodology[R]. New York:NEA,1992.

[83] Fleming K N. Mosleh A. Classification and analysis of reactor operating experience involving dependent

events[R]. Electric Power Research Institute,1985.

[84] Fleming K N. A reliability model for common mode failures in redundant safety systems[R]. New York:Energy Research and Development Administration,1974.

[85] Mosleh A,Fleming K N,Parry G W,et al. Procedures for treating common cause failures in safety and reliability studies:Analytical background and techniques[R]. New York:NRC,1989.

[86] Vesely W E. Estimating common cause failure probabilities in reliability and risk analysis:Marshall-Olkin specializations[J]. Nuclear Systems Reliability Engineering and Risk Assessment,1977,9:314-341.

[87] Atwood C L. The binomial failure rate common cause model[J]. Technometrics,1986,28(2):139-148.

[88] Mankamo T. Common load model:a tool for common cause failure analysis[J]. Reactor Components,1977,9:12.

[89] Hughes R P. A new approach to common cause failure[J]. Reliability Engineering,1987,17(3):211-236.

[90] 李翠玲,谢里阳,李剑锋. 基于Monte Carlo-神经网络的系统相关失效概率模型[J]. 系统仿真学报,2006(02):427-430.

[91] Li C L,Xie L Y. Study on common cause failure data analysis[J]. Journal of Northeastern University,2004,25(12):1183-1186.

[92] 谢里阳,林文强. 共因失效概率预测的离散化模型[J]. 核科学与工程,2002(02):186-192.

[93] Chebila M,Innal F. Unification of common cause failures' parametric models using a generic Markovian model[J]. Journal of Failure Analysis and Prevention,2014,14(3):426-434.

[94] Mahadevan S,Rebba R. Validation of reliability computational models using Bayes networks[J]. Reliability Engineering & System Safety,2005,87(2):223-232.

[95] Arsene O,Dumitrache I,Mihu I. Medicine expert system dynamic Bayesian network and ontology based[J]. Expert Systems with Applications,2011,38(12):15253-15261.

[96] 尹晓伟. 基于贝叶斯网络的机械系统可靠性评估[D]. 沈阳:东北大学,2008.

[97] O'Connor A,Mosleh A. A general cause based methodology for analysis of common cause and dependent failures in system risk and reliability assessments[J]. Reliability Engineering & System Safety,2016,145:341-350.

[98] Gulati R,Dugan J B. A modular approach for analyzing static and dynamic fault trees[C]. Annual Reliability and Maintainability Symposium,Philadelphia,1997.

[99] Meshkat L,Xing L,Donohue S K,et al. An overview of the phase-modular fault tree approach to phased mission system analysis[R]. New York:NASA,2003.

[100] Dugan J B,Bavuso S J,Boyd M A. Dynamic fault-tree models for fault-tolerant computer systems[J]. IEEE Transactions on Reliability,1992,41(3):363-377.

[101] Dugan J B,Sullivan K J,Coppit D. Developing a low-cost high-quality software tool for dynamic fault-tree analysis[J]. IEEE Transactions on Reliability,2000,49(1):49-59.

[102] Meshkat L,Dugan J B,Andrews J D. Dependability analysis of systems with on-demand and active failure modes,using dynamic fault trees[J]. IEEE Transactions on Reliability,2002,51(2):240-251.

[103] Xing L. Reliability modeling and analysis of complex hierarchical systems[J]. International Journal of Reliability,Quality and Safety Engineering,2005,12(6):477-492.

[104] Xing L,Meshkat L,Donohue S K. Reliability analysis of hierarchical computer-based systems subject to common-cause failures[J]. Reliability Engineering and System Safety,2007,92(3):351-359.

[105] Wang C,Xing L,Levitin G. Explicit and implicit methods for probabilistic common-cause failure analysis

[J]. Reliability Engineering & System Safety,2014,131:175-184.

[106] Wang C,Xing L,Levitin G. Probabilistic common cause failures in phased-mission systems[J]. Reliability Engineering & System Safety,2015,144:53-60.

[107] 李彦锋. 复杂系统动态故障树分析的新方法及其应用研究[D]. 成都:电子科技大学,2013.

[108] Xing L,Shrestha A,Meshkat L,et al. Incorporating common-cause failures into the modular hierarchical systems analysis[J]. IEEE Transactions on Reliability,2009,58(1):10-19.

[109] McPherson J W. Reliability physics and engineering:time-to-failure modeling[M]. New York: Springer,2013.

[110] Dasgupta A,Pecht M. Material failure mechanisms and damage models[J]. IEEE Transactions on Reliability,1991,40(5):531-536.

[111] Collins J. Failure of materials in mechanical design:analysis,prediction,prevention[M]. New York:John Wiley & Sons Inc,1993.

[112] Dasgupta A,Hu J M. Failure-mechanism models for excessive elastic deformation[J]. IEEE Transactions on Reliability,1992,41(1):149-154.

[113] Dasgupta A,Hu J M. Failure mechanism models for plastic deformation[J]. IEEE Transactions on Reliability,1992,41(2):168-174.

[114] Dasgupta A,Hu J M. Failure mechanism models for brittle fracture[J]. IEEE Transactions on Reliability,1992,41(3):328-335.

[115] Dasgupta A,Hu J M. Failure mechanism models for ductile fracture[J]. IEEE Transactions on Reliability,1992,41(4):489-495.

[116] Dasgupta A. Failure mechanism models for cyclic fatigue[J]. IEEE Transactions on Reliability,1993,42(4):548-555.

[117] Schijve J. Fatigue of structures and materials in the 20th century and the state of the art[J]. International Journal of fatigue,2003,25(8):679-702.

[118] Li J,Dasgupta A. Failure-mechanism models for creep and creep rupture[J]. IEEE Transactions on Reliability,1993,42(3):339-353.

[119] Collins J A,Daniewicz S R. Failure modes:performance and service requirements for metals[M]// Mechanical Engineers' Handbook:Materials and Mechanical Design:Volume 1. Third Edition. Hoboken:John Wiley & Sons,2006.

[120] Scott G. Properties of polymers:their correlation with chemical structure:their numerical estimation and prediction from additive group contributions[J]. Endeavour,2010,16(2):97-98.

[121] 何平笙. 新编高聚物的结构与性能[M]. 北京:科学出版社,2009.

[122] Engel P A. Failure models for mechanical wear modes and mechanisms[J]. IEEE Transactions on Reliability,1993,42(2):262-267.

[123] Kato K. Classification of wear mechanisms/models[J]. Journal of Engineering Tribology,2002,216(6):349.

[124] Meng H C,Ludema K C. Wear models and predictive equations:their form and content[J]. Wear,1995,181:443-457.

[125] Archard J F. Contact and rubbing of flat surfaces[J]. Journal of Applied Physics,1953,24(8):981-988.

[126] Tullmin M,Roberge P R. Corrosion of metallic materials[J]. IEEE Transactions on Reliability,1995,44(2):271-278.

[127] Dunn C F,McPherson J W. Recent observations on VLSI bond pad corrosion kinetics[J]. Journal of The Electrochemical Society,1988,135(3):661-665.

[128] Koelmans H. Metallization corrosion in silicon devices by moisture-induced electrolysis[C]. 12th Annual Reliability Physics Symposium,Las Vegas,1974.

[129] Ajiki T,Sugimoto M,Higuchi H,et al. A new cyclic biased T. H. B. test for power dissipating IC's[C]. 17th Annual Reliability Physics Symposium,San Diego,1979.

[130] Flood J L. Reliability aspects of plastic encapsulated integrated circuits[C]. 10th Annual Reliability Physics Symposium,Las Vegas,1972.

[131] Shirley C G,Hong C E C. Optimal acceleration of cyclic THB tests for plastic-packaged devices[C]. International Reliability Physics Symposium,Las Vegas,1991.

[132] Young D,Christou A. Failure mechanism models for electromigration[J]. IEEE Transactions on Reliability,1994,43(2):186-192.

[133] Rudra B,Jennings D. Failure-mechanism models for conductive-filament formation[J]. IEEE Transactions on Reliability,1994,43(3):354-360.

[134] Wang-Ratkovic J,Lacoe R C,Macwilliams K P,et al. New understanding of LDD CMOS hot-carrier degradation and device lifetime at cryogenic temperatures[C]. 35th Annual Proceedings of Reliability Physics Symposium,Denver,1997.

[135] Schlegel E S,Schnable G L,Schwarz R F,et al. Behavior of surface ions on semiconductor devices[J]. IEEE Transactions on Electron Devices,1968,15(12):973-979.

[136] McPherson J. Reliability Physics and Engineering[M]. Boston:Springer,2010.

[137] Lemaitre J,Desmorat R. Engineering damage mechanics:ductile,creep,fatigue and brittle failures[M]. New York:Springer,2005.

[138] Suresh S. Fatigue of materials[M]. Lambridge:Cambridge University Press,1998.

[139] Hanlon T. Total Life Approach[R]. Cambridge:Massachusetts Institute of Technology,2003.

[140] Suresh S. Fatigue Crack Growth[R]. Pittsburgh:Carnegie Mellon University,2003.

[141] Collins J A,Busby H R,Staab G H. Mechanical design of machine elements and machines[M]. Berlin:Wiley,2009.

[142] Berry J P,Watson W F. Stress relaxation of peroxide and sulfur vulcanizates of natural rubber[J]. Journal of Polymer Science,1955,18(88):201-213.

[143] Tobolsky A V,Prettyman I B,Dillon J H. Stress relaxation of natural and synthetic rubber stocks[J]. Journal of Applied Physics,1944,15(4):380-395.

[144] 陈金爱,钟庆明,陈允保. 橡胶O形密封圈的老化寿命试验研究[J]. 合成材料老化与应用,1998(01):6-12.

[145] 李咏今. 硫化橡胶热氧老化时物理机械性能变质规律的研究[J]. 特种橡胶制品,1997(01):44-53.

[146] 李咏今. 橡胶老化文献数据的再处理[J]. 橡胶工业,1996(09):515-528.

[147] 李咏今. 硫化橡胶的压缩应力松弛[J]. 弹性体,1993(03):18-21.

[148] 李咏今. 硫化胶热老化性能变化的数学模型[J]. 合成橡胶工业,1985(01):38-41.

[149] 李咏今,张发源,王志义,等. 硫化橡胶在应力状态下的老化——化学松弛曲线的一种表示方法[J]. 特种橡胶制品,1980(04):45-50.

[150] Filippi R G,Biery G A,Wachnik R A. The electromigration short-length effect in Ti-AlCu-Ti metallization with tungsten studs[J]. Journal of applied physics,1995,78(6):3756-3768.

[151] Vaidya S, Schutz R J, Sinha A K. Shallow junction cobalt silicide contacts with enhanced electromigration resistance[J]. Journal of applied physics, 1984, 55(10): 3514-3517.

[152] Blech I A. Electromigration in thin aluminum films on titanium nitride[J]. Journal of Applied Physics, 1976, 47(4): 1203-1208.

[153] JEP122G. Failure mechanisms and models for semiconductor devices[S]. Arlington: Jedec Solid State Technology Association, 2010.

[154] Schuegraf K F, Hu C. Hole injection oxide breakdown model for very low voltage lifetime extrapolation[C]. 31st Annual Proceedings of Reliability Physics Symposium, Atlanta, 1993.

[155] Takeda E, Izawa R, Umeda K, et al. AC hot-carrier effects in scaled MOS devices[C]. 29th Annual Proceedings of Reliability Physics Symposium, Las Vegas, 1991.

[156] Rangan S, Mielke N, Yeh E. Universal recovery behavior of negative bias temperature instability [PMOSFETs][C]. IEEE International Electron Devices Meeting, Washington, 2003.

[157] Chen G, Li M F, Ang C H, et al. Dynamic NBTI of p-MOS transistors and its impact on MOSFET scaling[J]. IEEE Electron Device Letters, 2002, 23(12): 734-736.

[158] Chakravarthi S, Krishnan A, Reddy V, et al. A comprehensive framework for predictive modeling of negative bias temperature instability[C]. IEEE International Reliability Physics Symposium, Phoenix, 2004.

[159] Alam M A, Mahapatra S. A comprehensive model of PMOS NBTI degradation[J]. Microelectronics Reliability, 2005, 45(1): 71-81.

[160] Abadeer W, Ellis W. Behavior of NBTI under AC dynamic circuit conditions[C]. IEEE International Reliability Physics Symposium, Phoenix, 2004.

[161] Pecht M, Dasgupta A. Physics-of-failure: an approach to reliable product development[R]. Lake Tahoe: Integrated Reliability Workshop, 1995.

[162] Vichare N M, Pecht M G. Prognostics and health management of electronics[J]. IEEE Transactions on Components and Packaging Technologies, 2006, 29(1): 222-229.

[163] Pecht M, Das D, Ramakrishnan A. The IEEE standards on reliability program and reliability prediction methods for electronic equipment[J]. Microelectronics Reliability, 2002, 42(9-11): 1259-1266.

[164] Upadhyayula K, Dasgupta A. Physics-of-failure guidelines for accelerated qualification of electronic systems[J]. Quality and Reliability Engineering International, 1998, 14(6): 433-447.

[165] Pecht M, Dasgupta A, Barker D, et al. The reliability physics approach to failure prediction modelling[J]. Quality and Reliability Engineering International, 1990, 6(4), 267-273.

[166] Introducing CalcePWA 4.0 [R]. Maryland: The Center for Advanced Life Cycle Engineering. University of Maryland, 2003.

[167] Kanapady R, Adib R. Superior reliability prediction in design and development phase[C]. Annual Reliability and Maintainability Symposium (RAMS), Orlando, 2013.

[168] Thaduri A, Verma A K, Gopika V, et al. Reliability prediction of constant fraction discriminator using modified PoF approach[C]. Annual Reliability and Maintainability Symposium (RAMS), Orlando, 2013.

[169] Elerath J G, Pecht M. IEEE 1413: a standard for reliability predictions[J]. IEEE Transactions on Reliability, 2012, 61(1): 125-129.

[170] IEEE Std 1413.1-2002. Guide for Selecting and Using Reliability Predictions Based on IEEE 1413[S]. IEEE Standards Coordinating Committee, 2003.

[171] Srinivasan J, Adve S V, Bose P, et al. Ramp: A model for reliability aware microprocessor design[R]. New

York:IBM Corporation,2003.

[172] Bechtold L E. Industry consensus approach to physics of failure in reliability prediction[C]. Reliability & Maintainability Symposium,San Jose,2010.

[173] Foucher B,Boullie J,Meslet B. A review of reliability prediction methods for electronic devices[J]. Microelectronics Reliability,2002,42(8):1155-1162.

[174] Bernstein J B,Gurfinkel M,Li X,et al. Electronic circuit reliability modeling[J]. Microelectronics Reliability,2006,46(12):1957-1979.

[175] Qin J,Avshalom H,Bernstein J B. FaRBS:A new PoF based VLSI reliability prediction method[C]. Annual Reliability and Maintainability Symposium,Lake Buena Vista,2011.

[176] Malka R,Nešić S,Gulino D A. Erosion-corrosion and synergistic effects in disturbed liquid-particle flow[J]. Wear,2007,262(7):791-799.

[177] Zhu S P,Huang H Z,Li Y,et al. A novel viscosity-based model for low cycle fatigue-creep life prediction of high-temperature structures[J]. International Journal of Damage Mechanics,2012,21(7):1076-1099.

[178] Zhu S P,Huang H Z,He L P,et al. A generalized energy-based fatigue-creep damage parameter for life prediction of turbine disk alloys[J]. Engineering Fracture Mechanics,2012,90:89-100.

[179] Zhu S P,Huang H Z,Li H,et al. A new ductility exhaustion model for high temperature low cycle fatigue life prediction of turbine disk alloys[J]. International Journal of Turbo and Jet Engines,2011,28(2):119-131.

[180] Zhu S P,Huang H Z. A generalized frequency separation-strain energy damage function model for low cycle fatigue-creep life prediction[J]. Fatigue & Fracture of Engineering Materials & Structures,2010,33(4):227-237.

[181] 陈君,阎逢元,王建章. 海水环境下 TC4 钛合金腐蚀磨损性能的研究[J]. 摩擦学学报,2012(01):1-6.

[182] Stack M M,Abdulrahman G H. Mapping erosion-corrosion of carbon steel in oil-water solutions:effects of velocity and applied potential[J]. Wear,2011,274-275:401-413.

[183] Wang Y G,Zhao Y W,Jiang J Z,et al. Modeling effect of chemical-mechanical synergy on material removal at molecular scale in chemical mechanical polishing[J]. Wear,2008,265(5):721-728.

[184] Wood R J K. Erosion-corrosion interactions and their effect on marine and offshore materials[J]. Wear,2006,261(9):1012-1023.

[185] Kufluoglu H. MOSFET Degradation due to negative bias temperature[D]. West Lafeyette:Purdue University,2007.

[186] Kufluoglu H,Alam M A. A geometrical unification of the theories of NBTI and HCI time-exponents and its implications for ultra-scaled planar and surround-gate MOSFETs[C]. IEEE International Electron Devices Meeting,San Francisco,2004.

[187] 郝跃,刘红侠. 微纳米 MOS 器件可靠性与失效机理[M]. 北京:科学出版社,2008.

[188] Whiteside M B,Pinho S T,Robinson P. Stochastic failure modelling of unidirectional composite ply failure[J]. Reliability Engineering & System Safety,2012,108:1-9.

[189] Chookah M,Nuhi M,Modarres M. A probabilistic physics-of-failure model for prognostic health management of structures subject to pitting and corrosion-fatigue[J]. Reliability Engineering & System Safety,2011,96(12):1601-1610.

[190] Feng Q,Coit D W. Reliability analysis for multiple dependent failure processes:An MEMS application[J]. International Journal of Performability Engineering,2010,6(1):100.

[191] Liao X. Research on the wear mechanism and life modeling method of aero-hydraulic spool valve[C]. International Conference on Quality, Reliability, Risk, Maintenance, and Safety Engineering (QR2MSE), Beijing, 2014.

[192] Paté-Cornell M E. Uncertainties in risk analysis: Six levels of treatment[J]. Reliability Engineering & Systems Safety, 1996, 54(2):95-111.

[193] Aven T. On the meaning of a black swan in a risk context[J]. Safety Science, 2013, 57(8):44-51.

[194] Apostolakis G. The concept of probability in safety assessments of technological systems[J]. Science, 1990, 250(4986):1359-1364.

[195] Patã Cornell E. On "black swans" and "perfect storms": risk analysis and management when statistics are not enough[J]. Risk Analysis, 2012, 32(11):1823-1833.

[196] Draper D. Assessment and propagation of model uncertainty[J]. Journal of the Royal Statistical Society, 1995, 57(1):45-97.

[197] Pérez Castañeda G A, Aubry J F, Brinzei N. Stochastic hybrid automata model for dynamic reliability assessment[J]. Proceedings of the Institution of Mechanical Engineers, Part O: Journal of Risk and Reliability, 2011, 225(1):28-41.

[198] Chiacchio F, D'Urso D, Manno G, et al. Stochastic hybrid automaton model of a multi-state system with aging: Reliability assessment and design consequences[J]. Reliability Engineering and System Safety, 2016, 149:1-13.

[199] Lando D. On cox processes and credit risky securities[J]. Review of Derivatives Research, 1998, 2(2):99-120.

[200] Vaughan N D, Pomeroy P E, Tilley D G. The contribution of erosive wear to the performance degradation of sliding spool servovalves[J]. Journal of Engineering Tribology, 1998, 212(6):437-451.

[201] Yang Y J, Peng W, Meng D, et al. Reliability analysis of direct drive electrohydraulic servo valves based on a wear degradation process and individual differences[J]. Journal of Risk and Reliability, 2014, 228(6):621-630.

[202] Liao X, Chen Y X, Kang R. Research on the wear life analysis of aerohydraulic spool valve based on a dynamic wear model[C]//Lecture Notes in Mechanical Engineering. New York: Springer, 2015.

[203] Sasaki A, Yamamoto T. Review of studies of hydraulic lock[J]. Lubrication Engineering. 1993, 49(8):585-593.

[204] Raadnui S, Kleesuwan S. Low-cost condition monitoring sensor for used oil analysis[J]. Wear, 2005, 259(7-12):1502-1506.

[205] Wang Y, Zhang M, Liu D. A compact on-line particle counter sensor for hydraulic oil contamination detection[J]. Applied Mechanics and Materials, 2012(12):4198-4201.

[206] 周正. 液压阀污染卡紧机理研究[J]. 液压与气动, 1994(02):15-17.

[207] 李方俊, 周士瑜. 滑阀污染敏感尺寸的确定[J]. 机床与液压, 1996(02):51-54.

[208] 郑长松, 葛鹏飞, 李芸辉, 等. 液压滑阀污染卡紧及滤饼形成机制研究[J]. 润滑与密封, 2014(08):14-19.

[209] Borovkov K. Elements of stochastic modelling [M]. Singapore: World Scientific Publishing, 2014.

[210] Song S, Coit D W, Feng Q. Reliability analysis of multiple-component series systems subject to hard and soft failures with dependent shock effects[J]. IIE Transactions, 2016, 48(8):720-735.

[211] Mercer A. On wear depending renewal processes[J]. J. Roy. Stat. Soc, 1961, 23:368-376.

[212] Grimmett G R, Stirzaker D R. Probability and random processes: problems and solutions[J]. Journal of the Royal Statistical Society, 1993, 156(3): 504.

[213] Hespanha J P. A model for stochastic hybrid systems with application to communication networks[J]. Nonlinear Analysis, Theory, Methods and Applications, 2005, 62(8): 1353-1383.

[214] Hespanha J P. Modelling and analysis of stochastic hybrid systems[J]. IEE Proceedings: Control Theory and Applications, 2006, 153(5): 520-535.

[215] Zhao Y, Ono T. Moment methods for structural reliability[J]. Structural Safety, 2001, 23(1): 47-75.

[216] Xie L. A knowledge-based multi-dimension discrete common cause failure model[J]. Nuclear Engineering and Design, 1998, 183(1): 107-116.

[217] Zio E. Some challenges and opportunities in reliability engineering[J]. IEEE Transactions on Reliability, 2016, 65(4): 1769-1782.

[218] Lin Y, Li Y, Zio E. Reliability assessment of systems subject to dependent degradation processes and random shocks[J]. IIE Transactions, 2016, 48(11): 1072-1085.

[219] Hauptmanns U. The multi-class binomial failure rate model[J]. Reliability Engineering & System Safety, 1996, 53(1): 85-90.

[220] Kvam P H. A parametric mixture-model for common-cause failure data [of nuclear power plants] [J]. IEEE Transactions on Reliability, 1998, 47(1): 30-34.

[221] Kvam P H. The binomial failure rate mixture model for common cause failure data from the nuclear industry [J]. Journal of the Royal Statistical Society. Series C: Applied Statistics, 1998, 47(1): 49-61.

[222] Berg H P, Görtz R, Schimetschka E. A process-oriented simulation model for common cause failures[J]. Kerntechnik, 2002, 67(2-3): 72-77.

[223] Atwood C L, Kelly D L. The binomial failure rate common-cause model with WinBUGS[J]. Reliability Engineering & System Safety, 2009, 94(5): 990-999.

[224] Dörre P. Basic aspects of stochastic reliability analysis for redundancy systems[J]. Reliability Engineering and System Safety, 1989, 24(4): 351-375.

[225] Vaurio J K. The probabilistic modeling of external common cause failure shocks in redundant systems[J]. Reliability Engineering and System Safety, 1995, 50(1): 97-107.

[226] Vaurio J K. The theory and quantification of common cause shock events for redundant standby systems[J]. Reliability Engineering and System Safety, 1994, 43(3): 289-305.

[227] Mankamo T, Kosonen M. Dependent failure modeling in highly redundant structures – Application to BWR safety valves[J]. Reliability Engineering and System Safety, 1992, 35(3): 235-244.

[228] Yang Y J, Huang H Z, Liu Y, et al. Reliability analysis of electrohydraulic servo valve suffering common cause failures[J]. EksploatacjaiNiezawodnosc, 2014, 16(3): 354-359.

[229] Zeng Z, Kang R, Chen Y. Using PoF models to predict system reliability considering failure collaboration[J]. Chinese Journal of Aeronautics, 2016, 29(5): 1294-1301.

[230] Ruhela I, Jat N. Comparative study of complexity of algorithms for ordinary differential equations[J]. International Journal of Advanced Research in Computer Science & Technology, 2014, 2(2).

[231] Zheng X, Yamaguchi A, Takata T. Quantitative common cause failure modeling for auxiliary feedwater system involving the seismic-induced degradation of flood barriers[J]. Journal of Nuclear Science and Technology, 2014, 51(3): 332-342.

[232] Gaffney M. Safety significance evaluation of Kewaunee power station turbine building internal floods[R].

[233] Zio E. An introduction to the basics of reliability and risk analysis[M]. Singapore: World Scientific Publishing, 2007.

[234] Wang H K, Li Y F, Yang Y J, et al. Remaining useful life estimation under degradation and shock damage[J]. Journal of Risk and Reliability, 2015, 229(3): 200-208.

[235] Ke X J, Xu Z G, Wang W H, et al. Remaining useful life prediction for non-stationary degradation processes with shocks[J]. Journal of Risk and Reliability, 2017, 231(5): 469-480.

[236] Zhang J X, Hu C H, He X, et al. Lifetime prognostics for furnace wall degradation with time-varying random jumps[J]. Reliability Engineering & System Safety, 2017, 167: 338-350.

[237] Hamada M S, Wilson M S, Reese A, et al. Bayesian reliability[M]. New York: Springer, 2008.

[238] Arulampalam M S, Maskell S, Gordon N, et al. A tutorial on particle filters for online nonlinear/non-Gaussian Bayesian tracking[J]. IEEE Transactions on Signal Processing, 2002, 50(2): 174-188.

[239] Liu J, West M. Combined parameter and state estimation in simulation-based filtering[M], New York: Springer, 2001.

[240] Tulsyan A, Huang B, Gopaluni R B, et al. On simultaneous on-line state and parameter estimation in nonlinear state-space models[J]. Journal of Process Control, 2013, 23(4): 516-526.

[241] Hu Y, Baraldi P, Di Maio F, et al. Online performance assessment method for a model-based prognostic approach[J]. IEEE Transactions on Reliability, 2016, 65(2): 718-735.

[242] Chen Z. Bayesian filtering: From Kalman filters to particle filters, and beyond[J]. Statistics, 2003, 182: 1-69.

[243] Jones G L, Hobert J P. Honest exploration of intractable probability distributions via Markov chain Monte Carlo[J]. Statistical Science, 2001, 16(4): 312-334.

[244] Baclawski K. Introduction to probability with R[M]. Los Angeles: CRC Press, 2008.

[245] Agogino A, Goebel K. Milling Data Set[R]. New York: NASA, 2007.